Nirmala Hapukotuwa

Comportamento de forrageamento das térmitas

Nirmala Hapukotuwa

Comportamento de forrageamento das térmitas

ScienciaScripts

Imprint
Any brand names and product names mentioned in this book are subject to trademark, brand or patent protection and are trademarks or registered trademarks of their respective holders. The use of brand names, product names, common names, trade names, product descriptions etc. even without a particular marking in this work is in no way to be construed to mean that such names may be regarded as unrestricted in respect of trademark and brand protection legislation and could thus be used by anyone.

Cover image: www.ingimage.com

This book is a translation from the original published under ISBN 978-620-2-05516-1.

Publisher:
Sciencia Scripts
is a trademark of
Dodo Books Indian Ocean Ltd. and OmniScriptum S.R.L publishing group

120 High Road, East Finchley, London, N2 9ED, United Kingdom
Str. Armeneasca 28/1, office 1, Chisinau MD-2012, Republic of Moldova, Europe
Printed at: see last page
ISBN: 978-620-7-75886-9

RESUMO

A térmita subterrânea da Formosa *Coptotemes fomosanus* e a térmita subterrânea asiática *Coptotemes gestroi* são duas espécies importantes de térmitas subterrâneas no Havai. A *Coptotemes fomosanus* é a térmita subterrânea mais devastadora e amplamente distribuída e *a C. gestroi* tem uma distribuição muito limitada na ilha de Oahu.

O número de estudos comportamentais comparativos efectuados sobre C. *formosanus* e *C. gestroi é* limitado. The main objectives of my studies were to quantitatively compare tunneling patterns of C. *gestroi* and *C. fomosanus* using foraging arenas, to compare the tunneling networks of C. *fomosanus* and C. *gestroi* in foraging arenas where food (wood) is presented as separated, clumped resources, mimicking field conditions in the subtropical and temperate regions where *C. fomosanus* ocorre naturalmente, para comparar as preferências de madeira de C. *gestroi* e *C. fomosanus* usando três tipos de madeiras usadas comercialmente em regiões onde ambas as espécies de cupins ocorrem e para determinar a resistência de seis espécies de bambu cultivadas no Havaí a *C. fomosanus* e *C. gestroi.* Além disso, fiz dois levantamentos de campo básicos para observar as propriedades ambientais de dois locais de campo de C. *fomosanus* e *C. gestroi*, a fim de obter uma ideia básica dos seus habitats e da distribuição muito limitada de C. *gestroi*, e para documentar qualquer variação sazonal na atividade de forrageamento de *C. fomosanus* e C. *gestroi*, verificando as armadilhas de campo todos os meses.

Os resultados da minha primeira experiência de construção de túneis indicaram que as duas espécies de térmitas constroem sistemas de túneis quantitativamente diferentes. C. *gestroi* faz um grande número de túneis altamente ramificados, mantendo-se dentro de uma área de túneis inicialmente definida. C. *fomosanus* expande sua área de forrageamento por uma distância maior, fazendo túneis mais largos e menos ramificados. Estes resultados podem ser úteis para compreender as diferenças no seu comportamento de procura de alimento e a distribuição atual e futura de C. *gestroi* na ilha de Oahu.

A partir da minha segunda experiência, observei que não houve diferença significativa entre as taxas de tunelamento das duas espécies de térmitas quando a madeira está presente como um recurso agrupado. No entanto, o comprimento total do túnel foi relativamente maior em *Cformosanus.* O tempo médio para descobrir o alimento em ambas as extremidades foi maior em *C.gestroi, o que* apoia a hipótese de que C. *formosanus* é capaz de localizar recursos distantes de forma mais eficiente do que C. *gestroi.*

As minhas terceira e quarta experiências foram dois testes laboratoriais utilizando os métodos descritos na norma El-09 da Associação Americana de Proteção da Madeira (AWPA 2009) para avaliar (1) a resistência às térmitas de três espécies de madeira comercialmente disponíveis (Douglas fir *Pseudotsuga menziessii,* Southern yellow pine *Pinus* spp. e Redwood *Sequoia sempervirens)* normalmente utilizadas na construção em regiões onde ambas as espécies de térmitas ocorrem; e (2) a resistência às térmitas de seis espécies de bambu cultivadas no Havai. Os resultados do primeiro teste mostraram que as taxas de alimentação e as preferências de madeira são ligeiramente diferentes entre as duas espécies de térmitas. A madeira de pau-brasil teve o nível mais alto de resistência a ambas as espécies de térmitas, o abeto de Douglas e o pinheiro amarelo do sul mostraram níveis de resistência muito baixos (mais susceptíveis) a ambas as espécies de térmitas. No entanto, *C. formosanus* teve taxas de alimentação mais altas para Douglas fir e pinheiro amarelo do sul do que C.

gestroi. O meu segundo teste indicou que C.*formosanus* e C. *gestroi* mostram preferências muito semelhantes por seis espécies diferentes de bambu. Os danos máximos foram observados em *Guadua angustifolia* (GA) para ambas as espécies de térmitas e os danos mínimos foram observados em *Gigantocholoa pseudoarundinacea* (GP). As restantes espécies de bambu apresentaram valores intermédios de perda de massa. Quando comparamos estes dois testes, C.*formosanus* mostrou maior alimentação em abeto de Douglas e pinheiro amarelo do sul do que nas seis espécies de bambu.

No entanto, com C. *gestroi,* a alimentação em bambu foi maior do que a observada em pinheiro Douglas ou pinheiro amarelo do sul. Ambas as espécies de térmitas alimentaram-se menos de pau-brasil do que de bambu ou de outras madeiras comerciais. Estes resultados podem ser úteis para desenvolver novos materiais de construção cultivados localmente para uso em condições de alto risco de térmitas, e para identificar espécies de madeira que requerem tratamento conservante antes do uso.

Os resultados das duas pesquisas de campo básicas mostraram que existem algumas diferenças nas variações ambientais em dois habitats de térmitas. Estas variações podem ajudar a explicar a distribuição limitada de *C.gestroi* em Oahu. Ambas as espécies de térmitas têm padrões de atividade irregulares durante as diferentes estações do ano.

ÍNDICE DE CONTEÚDOS:

CAPÍTULO 1

INTRODUÇÃO

As térmitas (Ordem Blattodea[1]) são um grupo de insectos eusociais com estilos de vida complexos distribuídos pelos trópicos. Atualmente, são reconhecidas cerca de 2.650 espécies de térmitas (Kambhampati e Eggleton 2000). Estas são classificadas em sete famílias de acordo com a classificação atual das térmitas por Engel e Krishna (2004). Entre elas, menos de três por cento são economicamente significativas como pragas que podem causar danos a estruturas de madeira feitas pelo homem, culturas agrícolas e algumas plantações florestais (Pearce 1997). A família Rhinotermitidae é um grupo importante que causa muitos danos a estruturas construídas pelo homem. O género *Coptotermes* pertence a esta família e é constituído por algumas das espécies de térmitas subterrâneas mais destrutivas (das 30 espécies de *Coptotermes*, 17 espécies [56%] são consideradas pragas) (Edward e Mill 1986).

A térmita subterrânea de *Formosan*, *Coptotermes formosanus* Shiraki (Blattodea: Rhinotermitidae) é a espécie subterrânea predominante nas regiões subtropicais do mundo (Cornelius e Osbrink 2000). Esta espécie causa danos graves e generalizados em florestas, culturas agrícolas e edifícios urbanos (Lee et al. 2003). É nativa do sul da China (Kistner 1985), mas já se estabeleceu em muitas regiões subtropicais e temperadas quentes do mundo (Li et al. 2009).

Foi descoberta pela primeira vez nos Estados Unidos continentais na década de 1960 (Cornelius e Osbrink 2000), e acredita-se que tenha chegado em milhares de toneladas de caixotes e paletes de carga militar de madeira enviados da Ásia após a Segunda Guerra Mundial (La Fage 1985). A distribuição atual inclui a Ásia (China, Japão, Taiwan), África (África do Sul), América do Norte (Alabama, Califórnia, Flórida, Geórgia, Louisiana, Mississippi, Carolina do Norte, Carolina do Sul, Tennessee, Texas), América Central, Caraíbas, Oceânia (Ilhas Marshall) e Havai (Anon. 2009). No Havai, está presente há mais de cem anos (Tamashiro et al. 1987, Woodrow et al. 1999) e custa aos residentes pelo menos 100 milhões de dólares por ano para controlo e reparação de danos. No Havai, *C. fomosanus* pode causar a destruição quase completa de uma casa desprotegida no espaço de dois anos (Tamashiro 1984).

A térmita subterrânea asiática *Coptotemes gestroi*[2] (Wasmann) é outra importante praga estrutural encontrada em regiões tropicais. A distribuição atual de *C. gestroi* estende-se desde o sudeste da Ásia (Filipinas, Taiwan, Malásia) e do Havai até ao Novo Mundo, incluindo a Florida, as Índias Ocidentais, o México e o Brasil (Wasmann 1896, Light 1929, Kirton e Brown 2003, Yeap et al. 2007). Foi introduzida acidentalmente no Havai em 1918 durante um carregamento de troncos de bananeira provenientes de Manila, Filipinas (Ehrhom 1934). Foi recolhida pela primeira vez em 1963 em Honolulu (Bess 1970), e depois em 1999 (Woodrow et al. 2001). Atualmente, esta colónia tem uma distribuição limitada (Woodrow et al. 2001) e limita-se à costa a sotavento (leste) da ilha, desde a Estação Aérea Naval de Barber's Point até à Base da Força Aérea de Hickam, áreas de Ewa e Makakilo. O mais interessante é o facto de existirem três locais onde

---

[1] Um estudo filogenético molecular comparativo confirma que as térmitas são baratas eusociais e já não merecem ser classificadas como uma ordem separada (Isoptera) das baratas (Blattodea) (Inward et al. 2007).
[2] Sinónimos juniores: C. vastator C. havilandi, C. javanicus, C. ceylonicus e C. heimi (Kirton 2005)

ambas as espécies ocorrem em conjunto: Taiwan (Shiraki 1909), Florida (Scheffrahn e Su 2005) e Hawaii (Swezey 1914, Weesner 1965).

Coptotemes formosanus e *C. gestroi* são muito semelhantes em aparência, embora existam diferenças nas alatas e soldados. As aladas de C. *fomosanus* são castanho-amareladas, enquanto as aladas de C. *gestroi* têm um dorso de cor escura e uma superfície ventral castanho-clara (Su e Scheffrahn 1998). Além disso, *C. gestroi* possui "manchas antenais" distintas em forma de crescente, ausentes em C. *fomosanus*, e ocelos grandes que se conectam com o olho composto (Light 1929, Weesner 1965). Os soldados de C. *formosanus* têm dois pares de cerdas dorsolaterais perto da base da fontanela, enquanto C. *gestroi* tem apenas um par dessas cerdas (Su e Scheffrahn 1998)

Foi efectuado um número limitado de estudos comparativos sobre estas duas espécies no Hawaii. Shelton e Grace (2003) registaram taxas de mortalidade mais elevadas de *C. gestroi* do que de C. *formosanus* em condições de dessecação. Uchima e Grace (2003b) e Grace et al. (2004) referiram as características das colónias das duas espécies e que *C. formosanus* tem geralmente uma taxa de alimentação de madeira mais elevada do que *C. gestroi.* Grace et al. (2004) referiram que os sistemas de túneis de C. *gestroi* são nitidamente diferentes dos de *C. formosanus,* com C. *gestroi* a construir túneis mais finos e altamente ramificados, enquanto *C. formosanus* constrói túneis longos, largos e menos ramificados. Uchima e Grace (2009) referiram que *C. gestroi* tem uma taxa de mortalidade mais elevada em estudos de agonismo interespecífico e em experiências de competição de forrageamento. Finalmente, Mankowski et al. (2005) observaram que *C. gestroi* é menos suscetível do que C. *formosanus* ao nemátodo *Heterorhabditis indica, que ataca* insectos.

Os objectivos do meu estudo foram comparar quantitativamente os padrões de escavação de túneis de *C. gestroi* e C. *formosanus,* como ajuda para compreender as diferenças no seu comportamento de forrageamento e a distribuição atual e futura de *C. gestroi* na ilha de Oahu, comparar as redes de escavação de túneis de *C. formosanus* e *C. gestroi* em áreas de forrageamento onde o alimento (madeira) é apresentado como recursos separados e agrupados, imitando as condições de campo nas regiões subtropicais e temperadas onde C. *formosanus* ocorre naturalmente, para comparar as preferências de madeira de *C. gestroi* e C. *formosanus* usando três tipos de madeiras usadas comercialmente em regiões onde ambas as espécies de cupins ocorrem e para determinar a resistência de seis espécies de bambu cultivadas no Havaí a *C. formosanus* e C. *gestroi.* Além disso, realizei dois levantamentos de campo básicos (1) para observar as propriedades ambientais de dois locais de campo de *C. formosanus* e C. *gestroi, a* fim de obter uma ideia básica dos seus habitats e da distribuição muito limitada de *C. gestroi* (2) para documentar qualquer variação sazonal na atividade de forrageamento de C. *formosanus* e *C. gestroi*, verificando as armadilhas de campo todos os meses.

As minhas descobertas podem ser úteis para compreender a distribuição atual e futura de *C.gestroi,* para desenvolver novos materiais de construção cultivados localmente para utilização em condições de elevado risco de térmitas e para identificar espécies de madeira que requerem tratamento de conservação antes de serem utilizadas.

Finalmente, podem também ser úteis para avaliar as diferenças comportamentais entre estas duas espécies de pragas que podem ter impacto nos métodos de prevenção e controlo. Isto pode ser especialmente importante na aplicação de iscos para o controlo das térmitas. É provável que uma melhor colocação de iscos dependa de uma melhor compreensão dos padrões comportamentais, especialmente do comportamento de forrageamento e de escavação de túneis, incluindo a localização dos alimentos, as taxas de consumo de alimentos e a rede de escavação de túneis.

CAPÍTULO 2

ESTUDO COMPARATIVO DO COMPORTAMENTO DE ESCAVAÇÃO DE TÚNEIS DE *COPTOTERMES FORMOSANUS* SHIRAKI E *COPTOTERMES GESTROI* (WASMANN) (BLATTODEA: RHINOTERMITIDAE) EM ARENAS DE FORRAGEAMENTO

INTRODUÇÃO

As térmitas subterrâneas (família Rhinotermitidae) criam sistemas de túneis ramificados por cima ou por baixo do solo para localizar o seu alimento celulósico (Houseman e Gold 2003). Por vezes, estes túneis têm mais de 100 metros de comprimento e estão ligados a vários locais de alimentação (King e Spink 1975). A morfologia e a arquitetura dos túneis das térmitas são muito diversas, com a distribuição espacial, o comprimento, a largura e o volume dos túneis a diferirem consoante a espécie (Hedlund e Henderson 1999). Lee et al. (2008b) observaram que a geometria do túnel resulta do efeito combinado da escavação de túneis por um grupo de indivíduos de térmitas. Campora e Grace (2004) encontraram algumas evidências de que o tamanho médio dos trabalhadores tem um efeito sobre a eficiência da escavação de túneis em grupo. Eles levantaram a hipótese de que os trabalhadores maiores podem ter algumas vantagens físicas na mecânica da abertura de túneis. Além disso, o comportamento de abertura de túneis pode ser induzido por factores internos e externos, tais como condições fisiológicas, genéticas e ambientais. Muitos investigadores estudaram a relação entre o comportamento de abertura de túneis e factores fisiológicos e ambientais. Houseman e Gold (2003) observaram que as taxas de tunelamento aumentaram em resposta a solos com altas concentrações de areia. Su e Puche (2003) e Green et al. (2005) verificaram que a humidade do solo contribuiu para aumentar a taxa de tunelização, enquanto Arab e Costa-Leonardo (2005) referiram que o aumento da temperatura aumentou a taxa de tunelização. Cornelius e Osbrink (2010) concluíram que as propriedades físicas do solo afectavam o comportamento de escavação de túneis e a construção de tubos de abrigo e que as térmitas faziam túneis através da areia mais rapidamente do que através do solo superficial e da argila.

O comportamento de escavação de túneis das térmitas subterrâneas é difícil de estudar devido aos seus habitats crípticos (Puche e Su 2001a). Como resultado, análises detalhadas do seu comportamento de forrageamento e de escavação de túneis estão largamente limitadas a experiências laboratoriais. Essas experiências podem ajudar a esclarecer as consequências do comportamento de escavação de túneis para as estratégias de forrageamento das térmitas e a ligação entre os níveis individual e populacional na dinâmica de escavação de túneis (Lee et al. 2008a).

No único estudo comparativo do tunelamento de *C. formosanus* e C. *gestroi*, Grace et al. (2004) observaram que havia algumas diferenças no comportamento de tunelamento das duas espécies. *Coptotermes gestroi* construiu túneis finos e muito ramificados, enquanto *C. formosanus* fez túneis mais largos, menos ramificados e mais longos. Estas comparações visuais foram observadas durante a realização de experiências de alimentação em frascos de plástico.

No presente estudo, pretendi determinar as diferenças quantitativas entre os sistemas de tunelização de *C. formosanus* e C. *gestroi* utilizando arenas de forrageamento bidimensionais em laboratório. Além disso, isto pode ser útil para compreender a distribuição atual e futura de C. *gestroi* no Havai. Além disso, estava interessado em examinar se havia uma diferença nos padrões de escavação de túneis na ausência ou na presença de alimento (madeira).

OBJECTIVO

Comparar quantitativamente os padrões de tunelização de C. *gestroi* e *C. formosanus,* como ajuda para compreender as diferenças no seu comportamento de forrageamento, e a distribuição atual e futura de C. *gestroi* na ilha de Oahu, Havai.

QUESTÕES DE INVESTIGAÇÃO

1. Os padrões de tunelização e o número de túneis (ou seja, a taxa de tunelização) de *C. fonnosanus* são diferentes dos de C. *gestroi?*
2. A presença/ausência de madeira influencia os padrões de escavação de túneis de uma espécie?

MATERIAIS E MÉTODOS

ARENAS DE TESTE

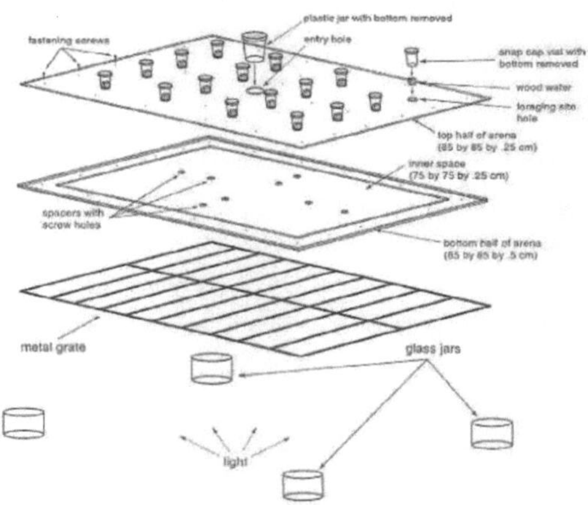

Figura 2.1 Desenho esquemático de uma arena de túneis (segundo Campora e Grace 2007)

Utilizei seis arenas de ensaio (três para C. *formosanus* e três para *C. gestroi)*[3] , sendo cada arena constituída por duas folhas de acrílico transparente, tal como descrito por Campora e Grace (2001). A metade superior tinha 85x85x0,25 cm e a metade inferior 85x85x0,50 cm. Cada metade foi fixada com parafusos metálicos para criar um espaço de 75x75x0,25 cm no meio. No espaço interior da metade inferior de cada arena (75x75x0,25cm), foram afixados oito pequenos quadrados com orifícios para parafusos no fundo da metade inferior para manter o espaço uniforme após a montagem. A metade superior da arena tinha dezasseis orifícios de acesso (3,1 de diâmetro e a 20 cm de distância) e uma grande câmara (câmara de libertação de

---

[3]Só foram utilizadas seis arenas devido a algumas limitações práticas, como o tamanho, o custo e o espaço. Por exemplo, cada arena tinha 85x85x0,5 cm e cada uma precisava de pelo menos 8 kg de areia comprada no comércio. Para montar a experiência com seis destas arenas, precisámos de uma área escura grande e isolada.

térmitas, 8,2 cm de diâmetro) no meio. Dezasseis frascos de plástico (48 ml) com o fundo removido foram inseridos nos pequenos orifícios e blocos de madeira pré-pesados (2,5x2,0x0,5cm) foram colocados nos mesmos. O abeto de Douglas, *Pseudotsuga menziessii,* e o pinheiro amarelo do Sul, *Pinus* spp., foram utilizados como substratos de forrageamento (foram utilizadas arenas separadas para cada tipo de madeira). Um frasco de plástico de 500 ml com o fundo removido foi colocado no grande orifício central/câmara para servir de ponto de entrada para as térmitas.

Os espaços entre os bancos de acrílico foram preenchidos com areia de sílica (40-100 mesh, peneira 150-425 jam, Fisher Scientific, Fair Lawn, NJ) e humedecidos com água desionizada (aproximadamente 18% em peso) (Campora e Grace 2004). A areia foi espalhada manualmente pela arena, sem deixar espaço entre a cobertura superior e a superfície da areia (Nobre et al. 2007). Dois papéis de filtro molhados foram colocados no frasco de entrada central para fornecer alimento e humidade no ponto de libertação das térmitas. Finalmente, todas as arenas foram colocadas numa estrutura metálica suportada por frascos de vidro e mantidas numa sala escura. Foram colocadas algumas lâmpadas fluorescentes (três para cada arena) sob cada arena para observar os padrões de tunelamento.

BIOENSAIOS E TÉRMITAS

Os Coptotemes formosanus foram recolhidos numa das nossas parcelas de campo na Universidade do Havai em Manoa, adjacente a Miller Hall (21° 17' N; 157° 99' W; 23,1 m acima do nível do mar). *Os Coptotemes gestroi foram colhidos* num local de campo no lado oeste de Oahu (estábulos de equitação de Barber's Point, Kalaeloa; 21° 19' N; 158°02' W; 9 m acima do nível do mar).

Figura 2.2 Local de campo de *Coptotermes gestroi* Kalaeloa, Oahu, Hawaii

Figura 2.3 Colónia de *Coptotermesformosanus* perto de Miller Hall, Universidade do Havai em Manoa

As térmitas foram recolhidas de cada local em madeira colocada debaixo de baldes de plástico à superfície do solo e levadas para o laboratório. Elas foram retiradas da madeira e contadas usando técnicas modificadas das de Tamashiro et al. (1973), Su e La Fage (1984) e Grace et al. (1995). Para cada arena foram utilizadas 1.500 térmitas, sendo 90% operárias e 10% soldados. Um subconjunto de cada grupo (50 térmitas por arena) foi pesado antes de ser adicionado à arena. Finalmente, todas as térmitas foram transferidas para a câmara de libertação central de cada arena.

Todas as arenas foram mantidas e observadas diariamente durante 22 dias a uma temperatura de 21-23° C e 68-80% de humidade relativa. Durante os primeiros cinco dias, as observações e fotografias foram efectuadas de seis em seis horas. Do sexto ao 22^{ond} dia, as observações foram efectuadas de 12 em 12 horas. A temperatura e a humidade foram registadas todos os dias com um registador de dados de interior (HOBO U10 Temp/RH Data Logger). Para monitorizar a construção do túnel, foram tiradas fotografias digitais com uma câmara digital Nikon D40.

ANÁLISE DE DADOS

Para analisar vários parâmetros de tunelamento, as imagens digitais foram analisadas utilizando o software Adobe Acrobat Professional 8 (Adobe Systems Incorporated 2010). Os principais parâmetros foram: comprimento dos túneis (primário, secundário, terciário, quaternário e outros); largura dos túneis (largura média); e ângulos formados entre os túneis primários e secundários das duas espécies. Esses parâmetros foram usados para calcular as seguintes variáveis para cada arena: distância total[4] (TD), área ocupada[5] (A), densidade dentro do túnel[6] (D), e velocidade de crescimento do túnel[7] (S) (Puche e Su 2001b). Para determinar se a presença/ausência de madeira influencia os padrões de escavação de túneis de uma espécie, foi contado o número total de túneis primários e secundários para ambas as espécies.

As análises estatísticas foram efectuadas utilizando o software Minitab 15 (Minitab Inc 2007). A análise de variância (ANOVA) foi utilizada para detetar quaisquer diferenças significativas no comprimento total do túnel (L), na largura média total dos túneis (W), na velocidade de construção do túnel (S), na área ocupada (A) e na densidade dos túneis (D). A ANOVA também foi utilizada para detetar diferenças entre espécies e o efeito da presença de madeira no experimento. Os testes de Tukey HSD foram utilizados para testar quaisquer diferenças significativas entre colónias. Um teste t (teste de duas amostras) foi utilizado para comparar os resultados do número de túneis entre arenas sem madeira e com madeira. Para comparar os diferentes parâmetros medidos nos ensaios de construção de túneis com C. *gestroi* e C. *fomosanus,* os dados foram agrupados da seguinte forma

RESULTADOS

Depois de colocar as térmitas em cada câmara de libertação (frasco de teste do meio), estas permaneceram em grande parte agrupadas no frasco do meio durante algumas horas (1-6), enquanto algumas

---

[4] Todos os valores de comprimento médio de primário, secundário, terciário, quaternário e outros em cada arena
[5] TD * largura média dos túneis
[6] Número de trabalhadores libertados/A
[7] TD/tempo

térmitas (de ambas as espécies) começaram a deslocar-se para as arenas. Durante os primeiros seis a sete dias, a maioria das térmitas em todas as arenas esteve muito ativa e fez túneis em cerca de 75% de cada arena. 75% de cada arena. Pareciam envolver-se em várias actividades ao longo do período de teste: movendo-se para trás e para a frente dentro dos túneis, escavando ativamente a areia durante a formação do túnel, descansando em pequenos grupos (20-40), e reunindo-se numa área entreaberta ou central ou periférica em grandes grupos (mais de 100). Entre os dias 7 e 22, algumas térmitas conseguiram descobrir blocos de madeira (relativamente muito poucas) e alimentaram-se desses blocos e, nalguns casos, cobriram-nos completamente com areia de sílica. As arenas com C. *gestroi* mostraram uma taxa de alimentação muito baixa e uma taxa muito baixa de localização de alimentos (1-4 blocos de madeira em 16). No entanto, *o C. formosanus* apresentou uma taxa relativamente elevada de localização de blocos de madeira (3-10 blocos em 16) e uma elevada taxa de alimentação por estimativa visual. Durante os últimos dias do teste, as actividades das térmitas foram baixas; a maioria das térmitas reuniu-se em grupos e algumas estavam mortas.

Os sistemas de rede de túneis diferem distintamente entre as duas espécies. Como observado anteriormente por Grace et al. (2004), *C. gestroi* construiu um grande número de túneis estreitos e altamente ramificados, enquanto C. *fomosanus* fez menos túneis, mais largos e menos ramificados.

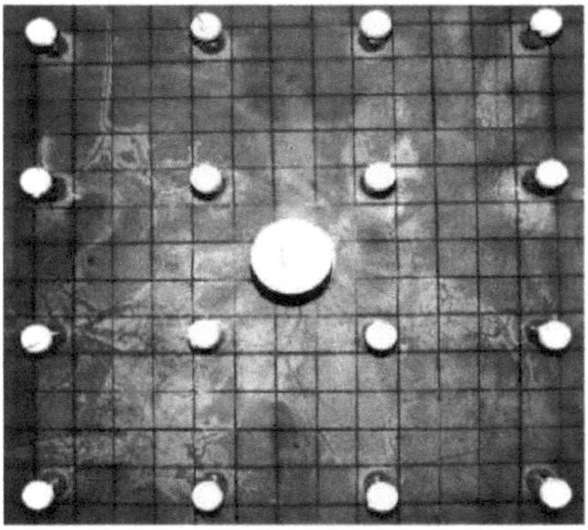

Figura 2.4 Sistema de túneis de *Coptotermes formosanus*

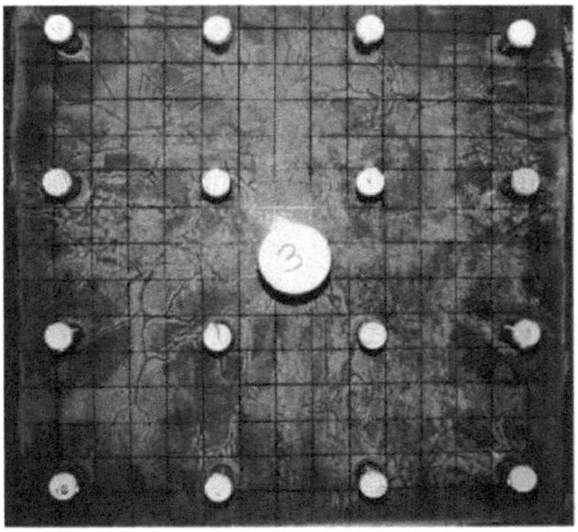

Figura 2.5 Sistema de túneis *da Coptotermes gestroi*

Os números de túneis foram quantitativamente diferentes entre as duas espécies. *Coptotermes gestroi* efectuou um número relativamente elevado de túneis secundários, terciários e quaternários em comparação com *C. formosanus* (quadro 2.1).

Quadro 2.1 Número de túneis em cada arena (controlos C; *CG-Coptotermes gestroi, CF-Coptotermes formosanus*)

Arena No	Species	Primary	Secondary	Tertiary	Quaternary	Other	Total
1	CG	5	17	23	18	10	73
2	CG	12	13	28	6	16	75
3 (C)	CG	11	18	28	11	28	96
4	CF	7	14	12	16	10	59
5 (C)	CF	4	7	7	10	11	39
6	CF	3	7	10	7	4	31

Registaram-se algumas diferenças nos parâmetros medidos na construção de túneis entre as duas espécies (Quadro 2.2). A distância total dos túneis construídos foi maior para C. *gestroi* do que para C. *fomosanus.* Mas os túneis construídos por C. *formosanus* eram mais largos do que os de *C. gestroi.* Além disso, a área total de construção de túneis foi maior com *C. formosanus* do que com *C. gestroi. Coptotermes gestroi* teve uma velocidade de construção de túneis relativamente elevada em comparação com C. *formosanus. O* número mais elevado de sobrevivência foi registado na sexta arena com *C. formosanus,* e o número mais baixo de sobrevivência registado com C. *formosanus* na quarta arena. No entanto, as taxas médias de mortalidade foram mais elevadas para o C. *formosanus* do que para o *C. gestroi.* Além disso, foram também registadas algumas diferenças na densidade dos túneis e nos ângulos entre os túneis primários e secundários, como indicado no quadro 2.2.

Quadro 2.2 Comparação dos parâmetros medidos nos ensaios de construção de túneis com C. *formosanus* e C. *gestroi.* (TD- distância total dos túneis construídos; W- largura dos túneis construídos; A- área ocupada; D- densidade no interior dos túneis; S- velocidade de crescimento dos túneis; p- túneis primários; s- túneis secundários; w- trabalhadores; s- soldados)

Arena No	Species	TD (cm)	W (cm)	A (cm^2)	D (no/cm^2)	S (cm/days)	Angles between p and s	Survival Number w:s	Mortality rate %
1	CG	1043.56	0.08	87.66	15.40	47.43	52.13	663:20	54.47
2	CG	715.85	0.07	50.83	26.56	32.53	53.21	913:29	37.2
3 (C)	CG	1294.45	0.06	81.55	16.55	58.84	54.22	924:36	36
4	CF	706.87	0.20	166.64	8.10	37.13	38.81	485:35	65.33
5 (C)	CF	611.37	0.35	212.76	6.35	27.78	38.55	658:66	51.73
6	CF	496.0	0.50	247.01	5.47	22.55	41.10	1040:13	21.8
P Value		0.012	0.031	0.006	0.024	0.012			0.805

(C-Controlo sem madeira, comparação de espécies de térmitas por ANOVA e Tukey, P<0,05)

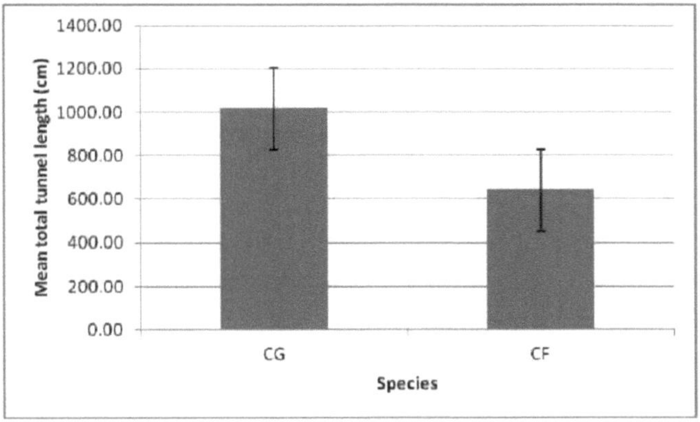

Figura 2.6 Comprimento médio total do túnel em CG=C. *gestroi; CF-C. formosanus.* Comparação das espécies de térmitas por ANOVA e Tukey, P<0,05)

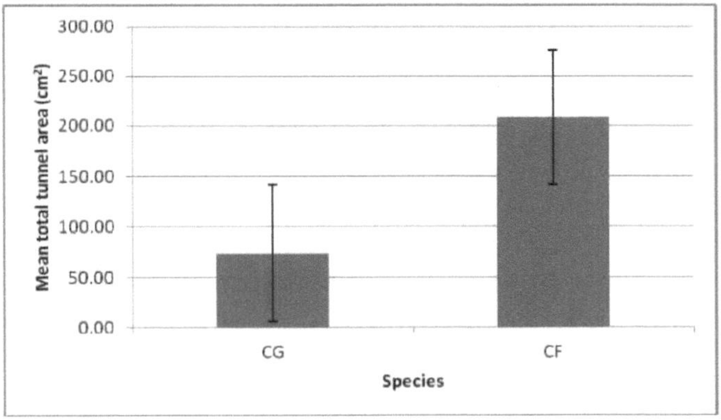

Figura 2.7 Média da área total de túneis em CG=C. *gestroi;* CF=C. *formosanus.* Comparação das espécies de térmitas por ANOVA e Tukey, P<0,05)

Além disso, os resultados indicaram que não houve diferenças no número de túneis em arenas com e sem madeira com nenhuma das espécies de térmitas (Figura 2.8).

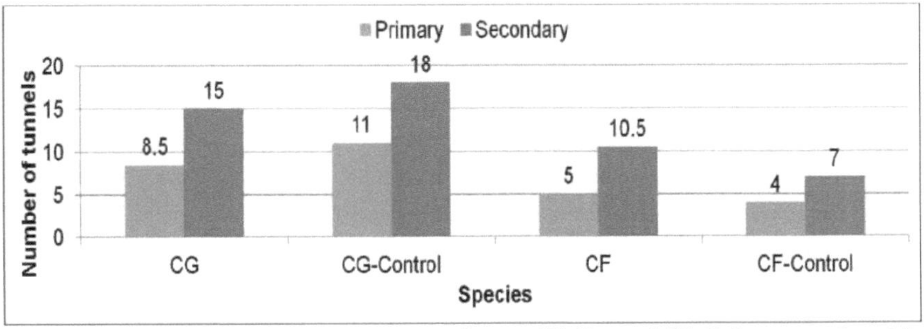

Figura 2.8 Padrões de tunelamento em arenas com e sem alimento. CG=C. *gestroi;* CF=C. *formosanus.* Os padrões de tunelização não são significativamente diferentes (teste t: P=0,118)

DISCUSSÃO

Os resultados destas experiências indicam que as duas espécies de térmitas constroem sistemas de túneis quantitativamente diferentes. *Coptotermes gestroi* faz um grande número de túneis com muitas ramificações enquanto C. *formosanus* faz um número menor de túneis mais largos e menos ramificados. Estes resultados corroboram as observações qualitativas de Grace et al. (2004). *Coptotermes gestroi* construiu túneis mais longos (F= 3,85, *df=5,* P= 0,012) e mais estreitos (F=10,62, *df=5,* P=0,031) (Tabela 2), a uma taxa mais rápida (F=3,84, *df=5,* P=0,012), e ocupou uma área total menor (F=27,30, *df=5,* P=0,006) do que *C. formosanus.*

Uma das diferenças mais interessantes observadas neste teste foi o facto de a área total de escavação de túneis de C. *gestroi* ser inferior à de C. *formosanus.* Estes dados podem conduzir a métodos de previsão da distribuição atual e futura de C. *gestroi* no Havai. Esta espécie faz um grande número de túneis altamente ramificados, mantendo-se dentro de uma área de túneis inicialmente definida. No entanto, *C. formosanus* expande sua área de forrageamento por uma distância maior e, portanto, pode localizar um número maior de recursos individuais de madeira, em comparação com *C. gestroi.* Estes resultados apoiariam a hipótese sugerida por Grace et al. (2004) de que C. *gestroi* emprega uma estratégia de forrageamento de busca local intensiva dentro de uma área definida pela escavação inicial de túneis, enquanto C. *formosanus* constrói uma rede de túneis exploratórios mais longos que se estendem por uma área maior, a fim de localizar recursos mais díspares espacialmente. Grace et al. (2004) também sugeriram que estes padrões de escavação de túneis podem refletir diferenças na distribuição espacial de recursos celulósicos nos ambientes tropicais e subtropicais favorecidos por cada uma destas espécies de térmitas (discutido no capítulo 3).

Embora não tenha sido abordada no presente estudo, a interação entre a feromona de rasto das espécies de térmitas e os seus padrões de procura de alimento pode levar a uma localização mais eficiente do alimento (Arab e Costa-Leonardo 2005). A feromona de rasto desempenha um papel fundamental na orientação e recrutamento das térmitas (Arab et al. 2005). Minimizar a energia utilizada na formação de túneis de busca seria certamente vantajoso para uma colónia de térmitas. Um sistema de busca eficiente deve otimizar o comprimento total do túnel e o comprimento médio do túnel dentro de uma determinada área de busca, resultando em rotas de forrageamento bastante directas para as fontes de alimento (Hedlund e Henderson 1999). Nesta experiência, *C. formosanus pareceu* ser mais eficiente em termos energéticos ao construir alguns túneis mais largos em comparação com a rede de túneis pequenos e ramificados criada por *C. gestroi.* Curiosamente, estas diferentes estratégias de forrageamento também parecem ter um impacto na expansão geográfica das populações de térmitas, com C. *gestroi* a expandir-se mais lentamente do que *C. formosanus.* Assim, para além de fornecer informações úteis sobre as estratégias de procura de alimento das térmitas, que podem levar a uma melhor colocação de iscos para fins de controlo, estes resultados também podem ajudar a explicar porque é que a C. *gestroi* se espalhou muito lentamente em Oahu, no Havai.

Também examinei se os padrões de escavação de túneis eram diferentes quando não havia madeira para localizar dentro da arena. No entanto, não se registaram diferenças estatisticamente significativas no número de túneis com ou sem a presença de madeira. Campora e Grace (2001) também verificaram que a presença ou ausência de madeira não afectava o padrão básico de escavação de túneis de *C. formosanus.* Em trabalho adicional, tenciono examinar se os diferentes padrões de túneis destas duas espécies resultam numa descoberta mais ou menos rápida de alimento quando os recursos estão agrupados, como pode acontecer mais frequentemente nas regiões subtropicais onde vive C. *formosanus*. Grace et al. (2001) sugeriram que os padrões de tunelização podem refletir essa variação regional na distribuição de recursos lenhosos.

Concluo que os padrões de tunelização, as taxas e o número de túneis individuais produzidos por C. *formosanus* diferem dos de C. *gestroi*. A presença ou ausência de madeira não influencia os padrões inatos de escavação de túneis das espécies, embora esses padrões possam refletir as condições ecológicas das suas regiões específicas. Estes resultados podem também ajudar a explicar a atual distribuição limitada de *C. gestroi* em Oahu, no Havai.

CAPÍTULO 3

ESTUDO COMPARATIVO DA LOCALIZAÇÃO DO ALIMENTO POR *COPTOTERMES FORMOSANUS* SHIRAKI E *COPTOTERMES GESTROI* (WASMANN) (BLATTODEA: RHINOTERMITIDAE) NA PRESENÇA DE RECURSOS AGRUPADOS

INTRODUÇÃO

O comportamento de escavação de túneis das térmitas subterrâneas é difícil de estudar devido ao seu habitat críptico (Puche e Su 2001b). No entanto, os estudos laboratoriais que utilizam arenas de forrageamento bidimensionais têm sido utilizados de forma eficaz para fornecer informações sobre a geometria da escavação de túneis (Nobre et al. 2007). Foi efectuada muita investigação sobre o comportamento de escavação de túneis em arenas, incluindo estudos sobre a influência da presença de madeira e/ou da descoberta de madeira na orientação dos túneis. Campora e Grace (2001) verificaram que o padrão básico de escavação de túneis por *Coptotemes fomosanus* não foi influenciado pela proximidade da madeira. As alterações nos padrões de escavação de túneis pareciam refletir pistas físicas (como anomalias no substrato) e não a presença de madeira comestível.

Puche e Su (2001b) obtiveram resultados semelhantes: a presença de madeira não afectou a formação de túneis de térmitas. Quando as fontes de alimento são mínimas, ocorre uma redução da taxa de alimentação (Akhtar e Jabeen 1981). Lenz et al. (1994) sugeriram que esta estratégia é vantajosa para a sobrevivência até que novos recursos alimentares sejam encontrados. Não se verificou a abertura de túneis direccionais em direção à fonte de alimento (Nobre et al. 2007).

No entanto, outras experiências laboratoriais demonstraram que a orientação dos túneis pode ser influenciada pela presença de som ou de madeira em decomposição nas proximidades (Amburgey e Smythe 1977, Reinhard et al. 1997). Hedlund et al. (1999) verificaram que as térmitas subterrâneas da Formosa apresentavam alterações na atividade quando o tamanho do alimento disponível variava; quando o tamanho do alimento aumentava, as taxas de sobrevivência das térmitas e as taxas de consumo de alimento também aumentavam. Achados semelhantes foram observados por Akhtar e Jabeen (1981) e Waller (1988). Reinhard e Kaib (1995) encontraram altas taxas de alimentação em grandes recursos alimentares, possivelmente devido à presença de sinais químicos das secreções das glândulas labiais.

Há um número limitado de estudos comportamentais comparativos efectuados em C. *formosanus* e *C. gestroi. Coptotermes gestroi* era formalmente conhecido como *Coptotermes vastator* Light na região do Pacífico, até ser sinónimo por Yeap et al (2007). Shelton e Grace (2003) registaram taxas de mortalidade mais elevadas de *C. gestroi do* que de *C. formosanus* em condições de dessecação. Uchima e Grace (2003b) e Grace et al. (2004) referiram que C. *formosanus* tem geralmente uma taxa de alimentação de madeira superior à de C. *gestroi.*

Uchima e Grace (2009) referiram que C. *gestroi* teve taxas de mortalidade mais elevadas em experiências de agonismo interespecífico e de competição de forrageamento com *C. formosanus.* Grace et al. (2004) documentaram, através de observações visuais, que os sistemas de túneis de *C. gestroi* são nitidamente diferentes dos de C. *formosanus. Coptotermes gestroi* constrói túneis longos, finos e altamente ramificados, enquanto *C. formosanus* constrói túneis mais longos, mais largos e menos ramificados.

Os objectivos do presente estudo foram avaliar os sistemas de túneis de *C. formosanus* e C. *gestroi* quando o alimento (madeira) estava presente na arena de forrageamento como um recurso "aglomerado". Além disso, esperava descobrir se as actividades de escavação de túneis das duas espécies de térmitas aumentavam quando o alimento era distribuído em grupos, e o tempo (horas/dias) que demoravam a encontrar o alimento (se fosse o caso). No Capítulo 2, forneci evidências quantitativas para apoiar as observações de Grace et al. (2004) de que a espécie tropical C. *gestroi* constrói uma rede de túneis altamente ramificada numa área bastante limitada, enquanto a espécie subtropical C. *formosanus* constrói túneis mais longos e mais largos com poucas ramificações.

Grace et al. (2004) colocaram a hipótese de que esta diferença no comportamento de procura de alimento pode estar relacionada com a eficiência da procura de alimento em ambientes tropicais e subtropicais. Os recursos lenhosos podem ter uma distribuição geralmente homogénea nos trópicos, em oposição à distribuição mais díspar e agrupada desses recursos mais longe do equador nas regiões subtropicais e temperadas. Assim, uma estratégia de forrageamento eficiente para o C. *gestroi* tropical pode consistir em efetuar uma busca intensiva na área imediata onde o alimento (madeira) é encontrado pela primeira vez. Em contrapartida, o *C. formosanus* subtropical pode ter de percorrer distâncias maiores em busca de recursos dispersos.

A rede de túneis altamente ramificados de C. *gestroi* e os túneis mais longos e não ramificados de *C. formosanus* podem demonstrar estas duas estratégias de forrageamento diferentes, cada uma das quais é mais eficiente para o ambiente particular habitado por cada espécie de térmita. Embora ambas as espécies estejam distribuídas por todo o mundo, só se sabe que ocorrem juntas em Taiwan, na Florida e no Havai, oferecendo uma oportunidade única para comparar diretamente as suas estratégias de forrageamento.

Optei por simular a distribuição agrupada (ou dispersa) de madeira nas regiões subtropicais e temperadas, colocando madeira em extremidades opostas de uma arena de forrageamento quadrada. O tempo necessário para localizar o alimento em cada extremidade da arena após a libertação de *C. formosanus* ou *C. gestroi* no centro de cada arena representa uma medida da eficiência da estratégia de forrageamento (tunelamento) de cada espécie nestas condições pseudo-subtropicais de recursos lenhosos agrupados.

O apoio à hipótese proposta por Grace et al. (2004) seria demonstrado por uma localização mais rápida do alimento, particularmente do segundo recurso a ser encontrado, por *C. formosanus,* a espécie subtropical com túneis mais longos e geralmente não ramificados. Nas condições desta experiência, seria de esperar que a espécie tropical *C. gestroi* passasse mais tempo em busca local, particularmente quando o alimento é inicialmente construído, construindo uma rede densamente ramificada de túneis finos; e seria de esperar que fosse mais lenta a localizar os recursos separados, particularmente o segundo recurso a ser encontrado.

OBJECTIVO

Comparar as redes de túneis e a eficiência de forrageamento de *C. formosanus* e C. *gestroi* em arenas de forrageamento onde o alimento (madeira) é apresentado como recursos separados e agrupados, imitando as condições de campo nas regiões subtropicais e temperadas onde *C. fomosanus* ocorre.

QUESTÕES DE INVESTIGAÇÃO

1. Existem diferenças entre as taxas e padrões de tunelização de C. *fomosanus* e C. *gestroi* quando a madeira está presente como um recurso aglomerado?
2. A descoberta de alimento (madeira) por *C. fomosanus* é mais rápida do que por C. *gestroi* em condições que imitam a distribuição de madeira em regiões subtropicais e temperadas, em vez de no ambiente tropical onde C. *gestroi* ocorre mais frequentemente?

MATERIAIS E MÉTODOS

ARENAS DE TESTE

Utilizei seis arenas de ensaio, três para C. *fomosanus* e três para C. *gestroi.* Todas as arenas de ensaio eram constituídas por duas folhas de acrílico transparente. A metade superior tinha 85x85x0,25 cm e a metade inferior 85x85x0,50 cm. Cada metade foi fixada com parafusos metálicos, de modo a criar um espaço de 75x75x0,25 cm no meio. No espaço interior da metade inferior, foram afixados oito pequenos quadrados com orifícios para parafusos na parte inferior da metade inferior para manter o espaço uniforme após a montagem. A metade superior da arena tinha uma câmara (câmara de libertação de térmitas, com 8,5 cm de diâmetro) no centro. Dois blocos de madeira de abeto de Douglas *(Pseudotsuga tnenziessii)* pré-pesados (2,5x2,0x0,5cm) foram colocados em cada um dos dois cantos de cada arena (Figura 3.1), representando alimento aglomerado para as térmitas.

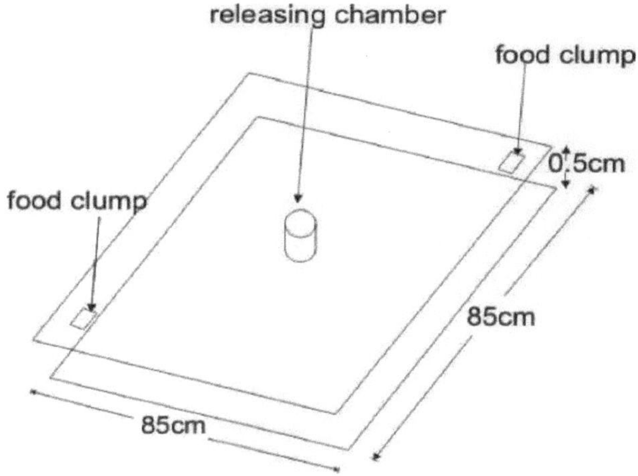

Figura 3.1 Desenho esquemático da arena de forrageamento

O espaço entre os bancos de acrílico foi preenchido com areia de sílica (40-100 mesh, 150-425 um sieve, Fisher Scientific, Fair Lawn, NJ) humedecida com água desionizada (aproximadamente 18% em peso) (Campora e Grace 2004). A areia foi espalhada manualmente e, na medida do possível, de forma homogénea em toda a arena, sem deixar espaço entre a tampa e a superfície da areia (Nobre et al. 2007). Foi colocado um papel de filtro molhado no frasco central de entrada das térmitas para fornecer alimento e humidade iniciais. Todas as arenas foram colocadas numa estrutura metálica apoiada em frascos de vidro e mantidas numa sala escura. Foram colocadas algumas lâmpadas fluorescentes sob cada arena para observar os padrões de tunelamento e tirar fotografias.

BIOENSAIOS E TÉRMITAS

Os Coptotermes formosanus foram recolhidos num dos nossos locais de campo no campus de Manoa da Universidade do Havai (colónia Irradiator) (figura 3.2) (21° 17' N; 157° 99' W; 23,1 m acima do nível do mar). *Coptotermes gestroi* foi recolhido em Kalaeloa (figura 3.3), um dos nossos locais de campo no lado oeste de Oahu, Havai (estábulos de equitação de Barber's Point; 21° 19' N; 158° 02' W; 9 m acima do nível do mar).

Figura 3.2 Colónia de *C. formosanus* Irradiator

Figura 3.3 Colónia de C. *gestroi* de Kalaeloa (Barber's Point)

As térmitas foram recolhidas em madeira de cada local e levadas para o laboratório. Foram extraídas da madeira e contadas utilizando técnicas modificadas das de Tamashiro et al. (1973), Su e La Fage (1984), e Grace et al. (1995). Utilizei 1500 térmitas compostas por 90% de operárias e 10% de soldados para cada arena (1350 operárias: 150 soldados). Um subconjunto de térmitas foi pesado antes de ser adicionado às arenas (usando 50 trabalhadores de cada espécie de térmita). Finalmente, as térmitas foram transferidas para a câmara central de libertação de cada arena.

As arenas foram observadas diariamente (de 24 em 24 horas) durante 14 dias. A temperatura e a humidade foram registadas com um registador de dados de interior (HOBO U10 Temp/RH Data Logger). Os padrões dos túneis foram fotografados diariamente com uma câmara digital Nikon de 12,3 MP.

ANÁLISE DE DADOS

As imagens da câmara digital foram utilizadas para determinar o comprimento diário dos túneis (primários, secundários, terciários e outros) utilizando o software Adobe Acrobat Professional 8. Além disso, para testar se havia uma maior atividade de escavação de túneis na proximidade das fontes de alimento, uma vez encontradas, cada imagem digitalizada foi dividida em quatro sectores iguais (Figura 3.4) e o número de túneis foi contado em cada sector.

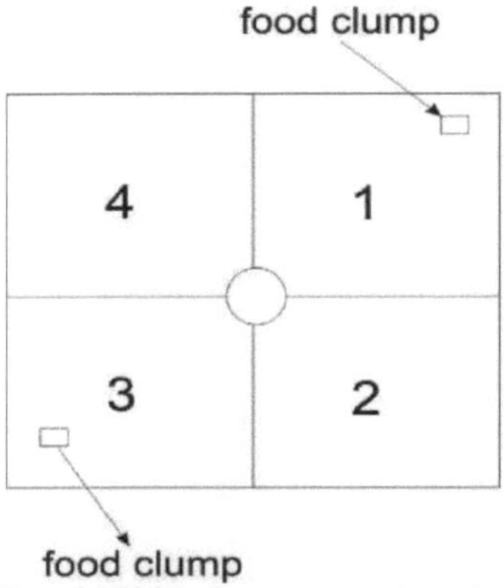

Figura 3.4 Divisão da arena em quatro sectores

As análises estatísticas foram efectuadas utilizando o software SAS 9.2. Uma análise de variância do modelo linear geral (ANOVA unidirecional) e o teste de alcance múltiplo de Ryan-Einot-Gabriel-Welsch (REGWQ) foram utilizados com o comprimento total dos túneis por dia (dentro de cada tempo de observação) para testar as diferenças no comprimento dos túneis ao longo do tempo entre as duas espécies *C. formosanus* e *C. gestroi. O* teste t de Student foi utilizado para comparar a frequência dos túneis em cada sector, a fim de detetar eventuais diferenças no número de túneis com ou sem alimento presente (para o comprimento total dos túneis por sector em relação ao comprimento total dos túneis por arena). As taxas médias de consumo de madeira foram calculadas utilizando os pesos secos iniciais e finais de todos os blocos de madeira para cada espécie de térmita.

RESULTADOS

OBSERVAÇÕES COMPORTAMENTAIS Observámos semelhanças e diferenças na abertura de túneis e outras actividades de forrageamento de C. *formosanus* e C. *gestroi.* No primeiro dia após a libertação (após 12 horas) a maioria das térmitas (cerca de 75%) permaneceu na câmara central de libertação, tendo as restantes começado a fazer túneis para o exterior. A partir do dia 2nd até ao dia 8th , ambas as espécies estiveram muito activas e construíram um grande número de túneis em todas as arenas. Como observado anteriormente, *C. formosanus* fez menos túneis, menos ramificados e mais longos; enquanto C. *gestroi* fez um grande número de túneis altamente ramificados (Figura 3.5-3.8). As espécies demonstraram alguns comportamentos comuns, como andar para a frente e para trás, escavar túneis e descansar em grupos pequenos ou grandes. Durante os últimos dias da experiência (do dia 9 ao 14), a atividade de ambas as espécies de térmitas foi bastante reduzida. A maioria juntava-se em pequenos grupos, enquanto outras se moviam muito lentamente. Além disso, durante os últimos dias, o número de térmitas mortas observadas nas arenas foi maior em ambas as espécies do que nos primeiros dias. Durante a experiência, a temperatura variou entre 23 °C e 24 °C e a HR (humidade relativa) variou entre 57% e 64%.

Ambas as espécies de térmitas foram capazes de encontrar o alimento (madeira) em ambos os lados da arena durante todo o período experimental. No entanto, elas encontraram a madeira em dias diferentes. Por exemplo, *C formosanus* na arena no. 4 encontrou madeira num dos lados da arena durante o dia 2nd e no outro lado no dia 8th , e na arena no. 5 encontrou madeira de um lado no dia 3rd e do outro lado no dia 4th . *Coptotemes gestroi* na arena no. 3 encontrou madeira de um lado no dia 3rd e do outro lado no dia 8th , e na arena no. 1 encontrou madeira num lado durante o dia 4th e no outro lado no dia 9th . Outras duas arenas (a nº 2 para C. *gestroi* e a nº 6 para C. *fomosanus)* foram descartadas devido ao empenamento das coberturas superiores das arenas (devido a esse empenamento, não era possível visualizar túneis; e havia um espaço entre as camadas superior e inferior por onde as térmitas podiam se movimentar). Com as duas arenas restantes para cada espécie de térmita, o tempo médio para descobrir madeira inicialmente foi de 2,5 dias para *C. fomosanus* e 3,5 dias para C. *gestroi.* Após essa descoberta inicial, o tempo médio para descobrir a madeira no lado oposto da arena foi de 6 dias com C. *fomosanus e* 8,5 dias com *C. gestroi.* Assim, embora a replicação seja muito limitada, o tempo mais longo necessário para a descoberta de madeira por C. *gestroi* (particularmente para a descoberta do segundo recurso aglomerado) apoiaria a hipótese apresentada por Grace et al. (2004) de que o padrão de busca (tunneEng) de *C. fomosanus* é optimizado para a distribuição mais aglomerada e díspar dos recursos de madeira encontrados mais longe do equador.

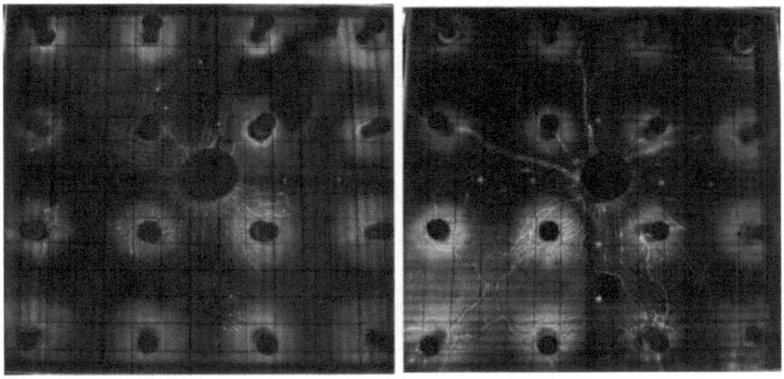

Figura 3.5 Vista da arena no dia 3: C. *gestroi* (esquerda), *C. formosanus* (direita)

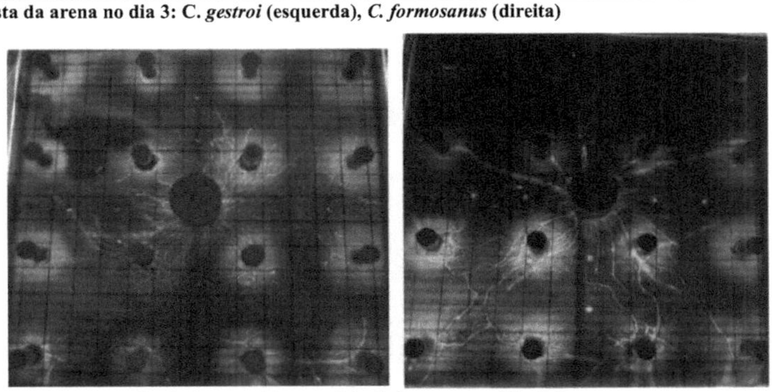

Figura 3.6 Vista da arena no dia 4: C. *gestroi* (esquerda), *C. formosanus* (direita)

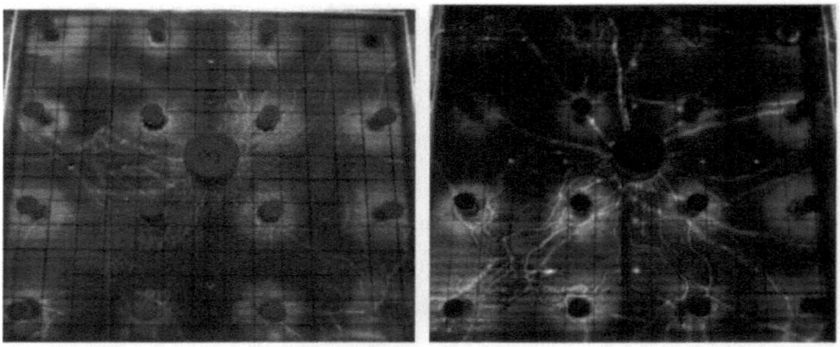

Figura 3.7 da arena no dia 7: C. *gestroi* (esquerda), C. *formosanus* (direita)

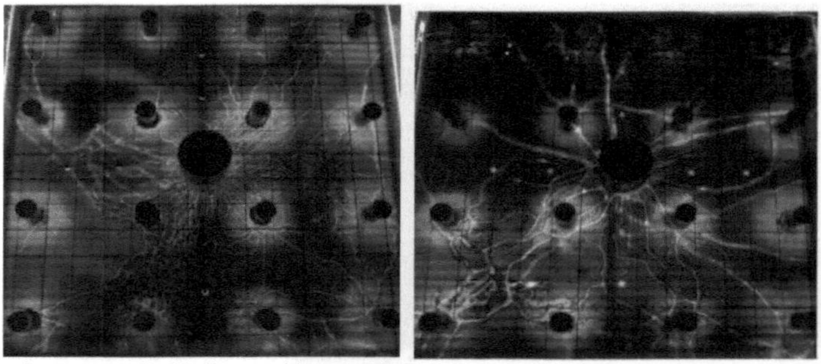

Figura 3.8 Vista da arena no dia 14: C. *gestroi* (esquerda), *C. formosanus* (direita)

ANÁLISES ESTATÍSTICAS As taxas globais de abertura de túneis de ambas as espécies não diferiram significativamente (DF=01, F=0,34, P=0,5649). No entanto, o comprimento total do túnel foi relativamente maior em C. *formosanus* do que em *C. gestroi* (Figura 3.9). *Coptotermes gestroi* construiu um maior número de túneis secundários e terciários em comparação com *C. formosanus.*

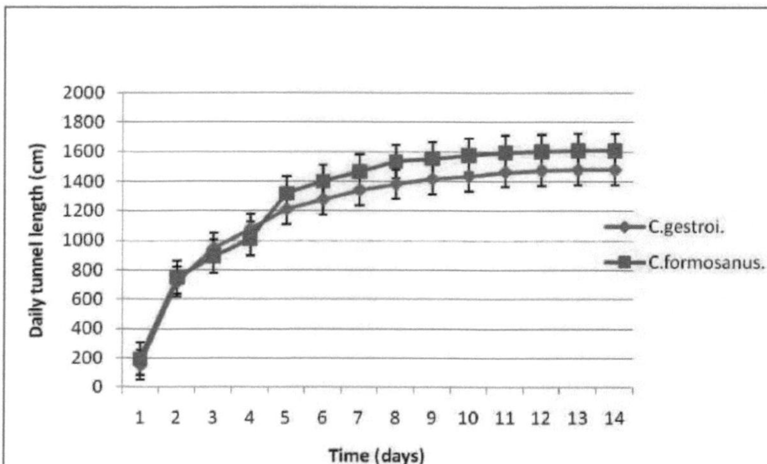

Figura 3.9 Comprimento diário dos túneis de C. *formosanus* e C. *gestroi ao longo de* 14 dias (comparação das espécies

de térmitas através de ANOVA unidirecional e teste de gama múltipla de Ryan-Einot-Gabriel-Welsch [REGWQJ] P=0,565)

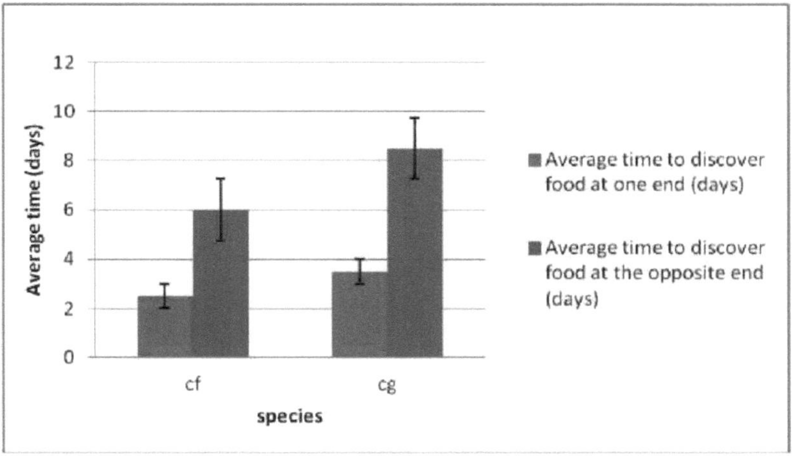

Figura 3.10 Taxas médias de tunelização de *C. formosanus* e C. *gestroi* em direção aos tufos de alimento em ambas as extremidades (ANOVA unidirecional, P=0,098)

O tempo médio para descobrir o alimento em ambas as extremidades não foi significativamente diferente para as duas espécies (DF=01, F=0,869, P=0,098). No entanto, o tempo médio para descobrir o alimento em ambas as extremidades foi maior em C. *gestroi* (Figura 3.10).

O número total de túneis em cada secção da arena (duas secções com madeira e duas secções sem madeira) não foi significativamente diferente (valor T-0.9, DF=4, *P=Q*.42). Nem o número total de túneis em cada secção com madeira diferiu significativamente entre as duas espécies de térmitas (DF=1, F=0,55, P=0,536). Além disso, o número total de túneis em cada secção sem madeira não diferiu significativamente entre as duas espécies (DF=1, F=0.8, P=0.465) (Figura 3.11 e Tabela 3.1).

Quadro 3.1 Número total de túneis em cada secção do picadeiro (C.f: *Coptotermes formosanus*, C.g.: *Coptotermes gestroi*, sec: secção, W: trabalhadores, S: soldados, os números entre parênteses indicam o número total de túneis em cada secção em comparação com o número total de túneis)

Termite species	No. of tunnels in sec.01	No. of tunnels in sec.02	No. of tunnels in sec.03	No. of tunnels in sec.04	Total No. of tunnels	Survival No. W:S
C.f.	23 (0.29)	20(0.25)	24(0.30)	13(0.16)	80	728:89
C.f.	25(0.19)	36(0.27)	48(0.36)	23(0.17)	132	743:101
C.g.	52(0.24)	60 (0.28)	80(0.37)	23(0.11)	215	690:90
C.g.	23(0.23)	19(0.19)	28(0.28)	29(0.29)	99	746:92

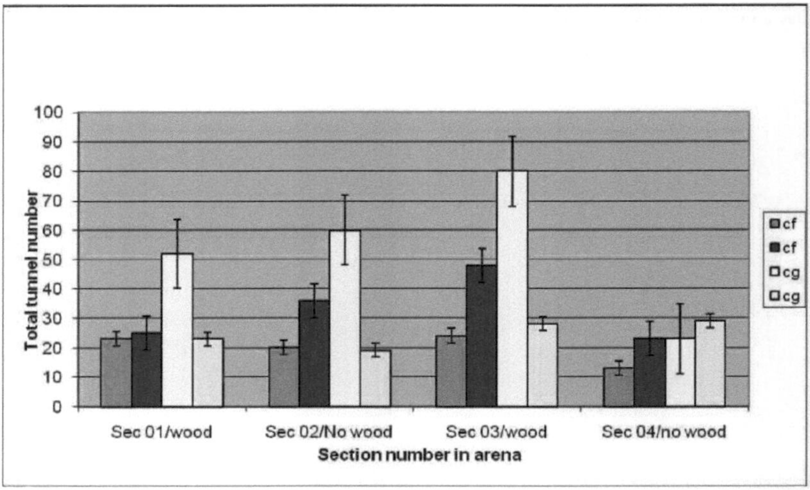

Figura 3.11 Número total de túneis em cada secção da arena para *C. formosanus* e C. *gestroi* (teste T de duas amostras (P=0,420) e ANOVA unidirecional, P=0,536)

As taxas de consumo total de madeira também não foram significativamente diferentes entre as duas espécies de térmitas *(DF-1, F-1*,24, P=0,2752), embora os valores médios de perda de massa para C. *formosanus* em cada arena tenham sido relativamente mais elevados do que os de C. *gestroi* (Figura 3.12).

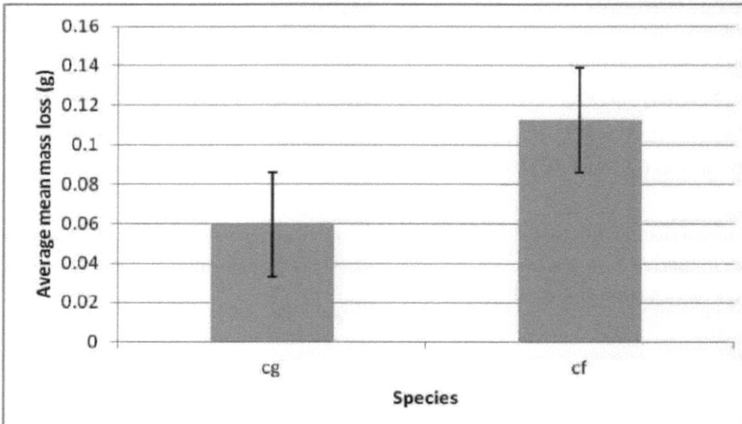

Figura 3.12 Valores médios de perda de massa da madeira em arenas com *C. formosanus* ou C. *gestroi* (One way ANOVA P=0,275)

Os valores médios da percentagem de mortalidade também não foram significativamente diferentes entre as duas espécies de térmitas *(DF=1,* F=0,45, P=0,571), embora C. *gestroi* tenha sofrido uma mortalidade relativamente maior do que *C. formosanus,* especialmente na arena no. 1 (Figura 3.13).

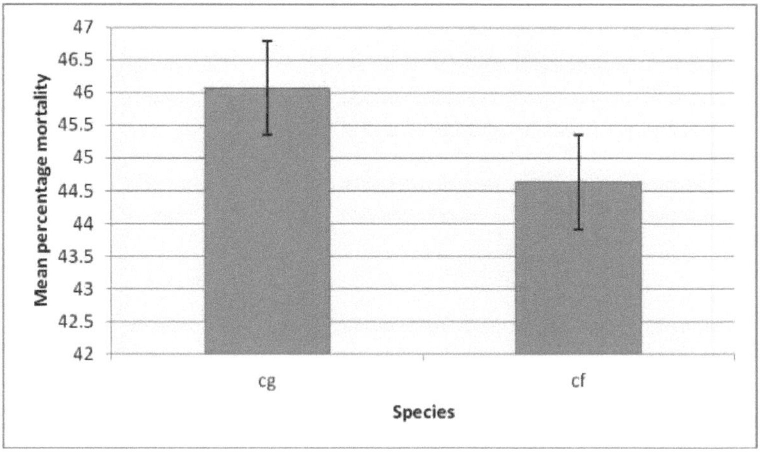

Figura 3.13 Taxas médias de mortalidade percentual para *C. formosanus* e C. *gestroi* (One way ANOVA P=0,571)

DISCUSSÃO

Neste bioensaio, observei que as taxas diárias globais de escavação de túneis e o tempo médio para descobrir madeira em ambas as extremidades para C. *formosanus* e *C. gestroi* não foram significativamente diferentes. Estes resultados são um pouco opostos aos resultados do Capítulo 2 (em que as duas espécies apresentaram taxas de escavação de túneis significativamente diferentes). Esta variação pode ser compensada pelo facto de a replicação ter sido muito baixa no presente estudo, devido à perda de uma arena com cada espécie (devido a falhas de construção).

O número de túneis também não foi significativamente diferente entre as duas espécies nos quadrantes da arena onde a madeira estava presente ou nos quadrantes onde a madeira estava ausente. Outros autores observaram que a proximidade da madeira não influenciou os padrões de túneis para as obreiras de *C. formosanus* e *Reticulitermes flavipes* (Campora e Grace 2001, Puche e Su 2001b). Estes resultados são diferentes dos de Hedland & Henderson (1999), Akhtar e Jaben (1981) e Waller (1988), que observaram que o número de túneis aumentava à medida que o tamanho do recurso alimentar próximo aumentava.

Observei as diferenças inter-específicas nos padrões de escavação de túneis observadas por Grace et al. (2004) e documentadas no Capítulo 2. Embora não tenha sido capaz de relacionar diretamente estes padrões de túneis (em termos de números e comprimentos de túneis) com diferenças na utilização de recursos, as diferenças no tempo médio para descobrir madeira em ambas as extremidades neste estudo apoiam a hipótese de Grace et al. (2004) de que *C. formosanus* é capaz de localizar recursos distantes de forma mais eficiente do que *C. gestroi.*

Esta diferença ainda não está totalmente resolvida, devido à replicação limitada no presente estudo devido à perda de duas das seis arenas. No entanto, os resultados obtidos são consistentes com a visão de que o comportamento de tunelamento do *C. formosanus* é energeticamente mais eficiente quando os recursos estão distantes e agrupados, como nas regiões subtropicais e temperadas, do que a estratégia de busca local intensiva e fortemente ramificada empregada pelo C. *gestroi* tropical. Trabalhos futuros poderão utilizar arenas de forrageamento maiores e/ou incorporar uma distribuição de madeira para imitar a situação tropical mais homogénea.

CAPÍTULO 4

PREFERÊNCIAS DE *COPTOTERMES FORMOSANUS* SHIRAKI E *COPTOTERMES GESTROI* (WASMANN) (BLATTODEA: RHINOTERMITIDAE) ENTRE TRÊS ESPÉCIES DE MADEIRA COMERCIAIS

INTRODUÇÃO

As actividades alimentares das térmitas desempenham um papel importante nos ciclos de nutrientes e energia nos ecossistemas (Su et al. 1984). Foram efectuadas numerosas experiências para estudar o seu comportamento de forrageamento, preferências alimentares, taxas de alimentação (taxas de consumo de madeira), etc. Um aspeto único da forragem das térmitas subterrâneas é o facto de terem de localizar alimentos no solo através da construção de túneis subterrâneos (Scheffiahn e Su 2005). Tal como outros insectos sociais, as térmitas subterrâneas têm sistemas de procura muito eficientes (Robson et al. 1995), que consistem em sistemas de galerias ramificadas, cuja arquitetura e velocidade de construção variam de espécie para espécie. Estes sistemas de galerias foram escavados e cartografados por diferentes investigadores utilizando arenas de forrageamento em laboratório. Algumas das conclusões destes estudos foram as seguintes: a distribuição dos túneis da térmita subterrânea *Reticulitermes flavipes* (Kollar) foi optimizada em função da eficiência da procura de alimento (Robson et al. 1995); o tamanho do alimento afectou o volume dos túneis e o comprimento dos túneis da térmita subterrânea da Formosa, *C. formosanus* Shiraki (Hedlund e Henderson 1999); a presença de alimento não teve impacto na distribuição dos túneis de *C. formosanus* (Campora e Grace 2001, Puche e Su 2001b); a atividade de escavação de túneis aumentou em direção a um gradiente de humidade positivo (Su e Puche 2003); a humidade da areia tem um efeito significativo na distribuição das térmitas e nas taxas de consumo de alimentos, enquanto as proporções de soldados não tiveram qualquer efeito (Gautam e Henderson 2011); a quantidade de madeira consumida aumentou geralmente com o aumento da temperatura de secagem e o calor contribuiu para a perda de componentes de resistência natural da madeira (Manzoor et al. 2009); e que os trabalhadores de grande peso corporal de *C. formosanus consumiram* uma taxa mínima de madeira, enquanto os trabalhadores de menor peso consumiram uma taxa mais elevada de madeira (Su e Tamashiro 1987). Neste último estudo, as taxas de alimentação das térmitas também aumentaram com um aumento da proporção de soldados para 30% (Su e Tamashiro 1987).

Além disso, as preferências de madeira das térmitas foram amplamente estudadas. Alguns exemplos são: resistência natural do cedro do Alasca, da madeira vermelha e da teca às térmitas subterrâneas da Formosa (Grace e Yamamoto 1994); taxas de consumo de madeira e sobrevivência das térmitas subterrâneas da Formosa em relação a seis madeiras utilizadas comercialmente (abeto de Douglas, cicuta, abeto, pinheiro de Ponderosa, cedro e madeira vermelha) no Havai (Su e Tamashiro 1986a); preferência por madeira de térmitas subterrâneas seleccionadas da Malásia (Ngee et al. 2004); taxas de consumo de madeira de espécies florestais por térmitas subterrâneas em condições de campo (Peralta 2004); estudo comparativo de duas térmitas subterrâneas do Paquistão quanto à resistência natural e preferência alimentar em ensaios laboratoriais e de campo (Manzoor et al. 2009); efeito da concentração de celulose nas preferências alimentares da térmita *Reticulitermes flavipes* (Judd e Corbin 2009); resistência de painéis de cedro vermelho oriental aos danos causados por térmitas subterrâneas (Kard et al. 2007); sobrevivência e resposta alimentar de *Anacanthotermes ochraceus* contra madeira local e importada (Kaakeh 2005); resistência natural de algumas espécies de madeira importada a térmitas subterrâneas na Arábia Saudita (Badawi et al. 1984); avaliação da durabilidade natural de espécies de madeira nativa e tropical contra *Reticulitermes flavipes* (Arango et al. 2006); a preferência alimentar das térmitas subterrâneas da Formosa como base para o desenvolvimento de matrizes de isco (Morales-Ramos e Rojas 2001); a resistência das madeiras indonésias Bangkira *(Shorea laevis)* e Merbu *(Intsia palembanica)* ao ataque das térmitas subterrâneas da Formosa (Grace e Tome 2005); e as preferências da madeira da térmita do Turquestão *Anacanthotermes turkestanicus* (Khamraev et al. 2007).

No entanto, foram efectuados poucos exames comparativos sobre as preferências alimentares de *C. formosanus* e *C. gestroi.* Grace et al. (2004) referiram que os sistemas de túneis de C. *gestroi* são mais finos e mais ramificados do que os de C. *formosanus.* A taxa de alimentação de C. *gestroi* também foi considerada inferior à de *C. formosanus* (Uchima e Grace 2003b).

O objetivo do meu estudo foi observar as taxas de alimentação e as preferências alimentares da madeira destas duas espécies de térmitas usando um teste de escolha múltipla modificado do AWPA[8] 2009. Ao comparar as preferências da madeira, pode ser possível selecionar novos materiais de construção cultivados localmente para uso em condições de alto risco de térmitas e identificar espécies de madeira que requerem tratamento conservante antes do uso.

OBJECTIVO

Comparar as preferências de madeira de *C. gestroi* e *C. formosanus* usando três tipos de madeiras usadas comercialmente em regiões onde ambas as espécies de cupins ocorrem.

QUESTÕES DE INVESTIGAÇÃO

As preferências alimentares da madeira diferem consoante o tipo de madeira:

1. Espécies de madeira?
2. Espécies de térmitas?

MATERIAIS E MÉTODOS

Um teste de três escolhas, ou de escolha múltipla, modificado a partir do descrito pela American Wood Protection Association (AWPA 2009), foi utilizado para avaliar as preferências das térmitas por três espécies diferentes de madeira utilizadas no Havai ou na Florida, regiões onde ambas as espécies de térmitas são encontradas. O abeto de Douglas, *Pseudotsuga menziessii,* é a principal madeira utilizada na construção civil no Havai (Su e Tamashiro 1986b) e é altamente suscetível às térmitas. O pinheiro amarelo do sul, *Pinus* spp., é normalmente utilizado para fins de investigação em avaliações de térmitas e é uma madeira de construção primária na Flórida e ao longo da costa do Golfo dos EUA continentais, e tem uma baixa resistência às térmitas ou à podridão. A madeira vermelha, *Sequoia sempervirens,* é uma madeira naturalmente durável e resistente a insectos. É utilizada principalmente para decks, vedações e outras aplicações exteriores, e é relativamente cara

---

[8] Associação Americana de Proteção da Madeira

em comparação com outras madeiras.

APARELHOS E MATERIAIS

1. **BLOCOS DE MADEIRA**

As amostras de teste foram cortadas de cada espécie de madeira com uma serra de fita. Cada pastilha de teste tinha aproximadamente 2,5 cm por 2,0 cm por 0,5 cm. Todas as bolachas de madeira foram autoclavadas (Getinge Auto Clave, Gettings USA, Inc, Nova Iorque) a 256 °C e 20 PSI durante 60 minutos para remover quaisquer bolores. Para cada espécie de madeira, houve cinco réplicas e três controlos ambientais (expostos às mesmas condições de ensaio, mas sem térmitas). Todas as amostras foram secas numa estufa (termómetro Salvis) a 90 °C durante 24 horas. As amostras foram deixadas arrefecer à temperatura ambiente num exsicador durante uma hora e pesadas (Mettler AE 163).

2. **CONCEPÇÃO DO ENSAIO**

Os recipientes de ensaio consistiam em frascos de poliestireno de 85 mm de diâmetro por 97 mm de altura com uma tampa de plástico de rosca. Foram utilizados dois conjuntos de frascos: frascos de ensaio (com cinco térmitas) e frascos de controlo (sem térmitas). Cada frasco continha 150 g de areia de sílica (grânulos finos de 40-100 mesh, Fisher Scientific, Fair Lawn, New Jersey 07410), 30 ml de água destilada e uma bolacha de madeira de cada uma das três espécies diferentes de madeira (três bolachas no total) (Figura 4.1).

Figura 4.1 Exemplo de jarro de ensaio com três espécies de madeira diferentes

As térmitas foram recolhidas em dois locais de campo diferentes: *C. gestroi* de Kalaeloa (antiga Barber's Point Naval Air Station) no lado sudoeste da ilha de Oahu, Havai, e C. *fomosanus* de colónias localizadas no campus da Universidade do Havai em Manoa. As térmitas foram recolhidas utilizando técnicas modificadas das de Tamashiro et al. (1973) e Su e Scheffrahn (1986). Quatrocentas e cinco térmitas (360: 40, operárias: soldados) foram libertadas em cada recipiente de ensaio. As tampas dos frascos foram colocadas de forma solta. Os frascos foram colocados numa incubadora sem luz a 28° C e 72-80% HR durante quatro semanas e foram inspeccionados semanalmente.

No final do período de teste de quatro semanas, todos os frascos foram desmontados e as bolachas foram removidas. As térmitas vivas foram contadas para registar as suas taxas de mortalidade. Todas as bolachas foram deixadas a secar ao ar à temperatura ambiente durante 24 horas, depois foram secas em estufa a 90 °C durante 24 horas e deixadas arrefecer à temperatura ambiente num exsicador durante uma hora. Finalmente, todas as bolachas foram novamente pesadas para determinar a quantidade consumida pelas térmitas, e também avaliadas visualmente usando a escala descrita na norma El-09 da AWPA (2009), que é descrita na tabela 4.3. Para comparar as taxas de alimentação das térmitas nas três diferentes espécies de madeira, foi efectuada uma análise de variância (ANOVA) de duas vias e um teste de alcance múltiplo de Ryan-Einot-Gabriel-Welsch [REGWQ] utilizando o SAS 9.2.

RESULTADOS E DISCUSSÃO

Figura 4.2 Rede de túneis de C. *gestroi*

Figura 4.3 Rede de túneis de *C.formosanus*

As observações visuais corroboraram as diferenças entre as duas espécies nas suas redes de túneis registadas por Grace et al. (2004) e descritas no Capítulo 2. *C. gestroi* fez um grande número de túneis estreitos e altamente ramificados; enquanto *C. formosanus* fez menos túneis, mais largos e menos ramificados (Figuras 4.2 e 4.3). Durante o período de inspeção da primeira semana, observei que algumas se deslocaram para o fundo dos frascos e começaram a fazer túneis.

Além disso, ambas as espécies começaram a alimentar-se de abeto de Douglas e de pinheiro amarelo do sul. Notei também que *C. gestroi* fazia túneis até ao topo de alguns frascos, enquanto *C. formosanus* fazia um pequeno número de túneis, que se estendiam apenas até meio dos frascos. Durante o segundo período de inspeção, a maioria dos frascos com C. *gestroi* estava cheia de túneis de areia e alguns blocos de madeira das três espécies estavam completamente cobertos de areia. Isto tornou extremamente difícil registar com precisão a sequência dos padrões de alimentação e as taxas de consumo. Com *C. formosanus, observei* que alguns frascos continham túneis que chegavam até ao topo, mas os frascos não estavam tão extensamente cobertos de túneis como no caso de C. *gestroi. Coptotermes formosanus* escavou menos túneis, mais largos, e foi impossível estimar a taxa de alimentação olhando através desses frascos. Apenas um bloco de pau-brasil estava completamente coberto de areia. Durante a terceira semana, quase todos os frascos com *C. gestroi* estavam completamente cobertos com um grande número de túneis minúsculos e altamente ramificados; enquanto *C. formosanus* fez poucos túneis longos com menos ramificações em 60% de todos os frascos. Além disso, C. *formosanus* cobriu a maior parte dos blocos de pau-brasil com areia, enquanto C. *gestroi* não cobriu os blocos de pau-brasil. Em todos os blocos de madeira atacados por C.*formosanus, notei* que se alimentavam sobretudo das partes exteriores (muito ligeiramente no pau-brasil). *O Coptotermes gestroi,* no entanto, alimentou-se principalmente nas partes centrais dos blocos de madeira e fez um maior número de pequenos buracos e pequenos túneis estreitos em todos os blocos (Figuras 4.4, 4.5 e 4.6).

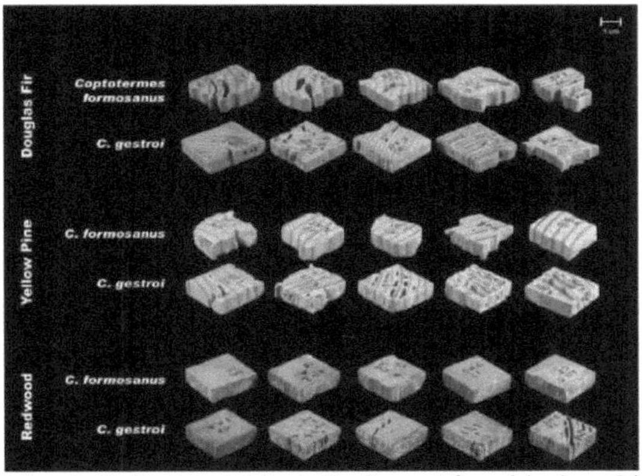

Figura 4.4 Extensão da alimentação das duas espécies de térmitas em três espécies de madeira. Imagem cortesia de Robert Oshiro

Também observei algumas diferenças nas taxas de alimentação das térmitas. *Coptotermes formosanus* mostrou alimentação moderada em Douglas fir e pinheiro amarelo do sul, enquanto *C. gestroi* mostrou taxas de alimentação de luta para estes dois tipos de madeira. Na madeira de pau-brasil, ambas as espécies de térmitas não se alimentaram aparentemente ou alimentaram-se muito pouco[9] . Em geral, ambas as espécies mostraram taxas de atividade relativamente altas e taxas de alimentação durante a primeira, segunda e terceira semanas, mas não durante a quarta semana. Durante a quarta (última) semana, apresentaram movimentos lentos e taxas de alimentação lentas. Todos os frascos de controlo que continham apenas bolachas tinham muito pouco crescimento fúngico.

Figura 4.5 Exemplos de classificações visuais para a classificação da IE de C. formosanus (modificado de E1-09):

[9] Estimativa da alimentação (0-3): 0=nenhuma alimentação aparente; 1=alimentação ligeira; 2=alimentação moderada; 3=alimentação intensa; u=desconhecida,visibilidade obscurecida por areia ou detritos.

4=muito grave, 5075% afetado; 8=moderado, 3-10% afetado

Figura 4.6 Exemplos de classificações visuais para C. gestroi EI Classificação: 6=grave, 30-50% afetado; 7=moderado/grave, 10-30% afetado

Observei algumas diferenças importantes nas classificações visuais médias e nos valores médios de perda de massa entre as três espécies de madeira (Tabela 4.1). Em termos de avaliações visuais, ambas as espécies de térmitas mostraram um ataque severo ao abeto de Douglas e ao pinheiro amarelo do sul; enquanto que no pau-brasil, *C. gestroi* mostrou um ataque moderado/severo, mas *C. formosanus* exibiu um ataque moderado.

Os valores médios de perda de massa da madeira de C. *formosanus* foram mais elevados para o abeto de Douglas e para o pinheiro amarelo do Sul do que para C. *gestroi.* Estes resultados são semelhantes aos de Uchima e Grace (2003b). No entanto, para o pau-brasil, *C. gestroi* apresentou uma taxa de alimentação relativamente mais elevada do que *C. formosanus.* Mas, em comparação com as taxas de alimentação do abeto de Douglas e do pinheiro amarelo do sul, a taxa de alimentação do pau-brasil é muito baixa. No entanto, Su e Tamashiro (1986) observaram que, no terreno, *C. formosanus* tinha uma taxa de alimentação elevada (25,2 mg/g/dia) e danificava gravemente a sequoia.

Os níveis de resistência da madeira podem ser categorizados em quatro classes principais com base nas classificações visuais dos danos causados pelas térmitas e nas perdas de massa da madeira (modificado por Grace et al. 1996): resistente, moderadamente resistente, ligeiramente resistente e suscetível. As madeiras resistentes foram classificadas visualmente como 9 ou melhor, com perdas médias de massa não excedendo 5 por cento; as da categoria moderadamente resistente foram classificadas acima de 7, com perdas médias de massa não excedendo 10 por cento; as madeiras ligeiramente resistentes foram classificadas acima de 6, com perdas de massa não excedendo 20 por cento; enquanto as consideradas susceptíveis receberam uma classificação visual de 6 ou menos, e sofreram perdas médias de massa superiores a 20 por cento.

De acordo com esta escala, os resultados dos nossos ensaios com estas três espécies de madeira podem ser classificados da seguinte forma: Tanto o abeto de Douglas como o pinheiro amarelo do sul são susceptíveis ao C. *formosanus.* No entanto, o pau-brasil é resistente ao ataque de C. *formosnus. Tanto o abeto de Douglas* como o pinheiro amarelo do Sul são ligeiramente resistentes a C. *gestroi*, enquanto o pau-brasil é moderadamente resistente. É importante notar, no entanto, que esta escala foi desenvolvida com *C. formosanus,* e que *C. gestroi* tem uma taxa de alimentação mais lenta (Uchima e Grace, 2003b).

A percentagem média de mortalidade de térmitas para *C. formosanus foi de* 16,50 (±5,84) e para *C. gestroi* foi de 19,50 (±8,52). Estas taxas de mortalidade não são significativamente diferentes (p = 1,000). As taxas de mortalidade foram provavelmente uniformemente baixas devido à presença de uma quantidade adequada de madeira relativamente suscetível em cada recipiente de teste.

Registaram-se algumas diferenças significativas nos valores médios de perda de massa entre as três espécies de madeira (F=38,81, *DF=2,* p=0,0001) e também entre as duas espécies de térmitas (F=10,22, DF=1, p=0,0039) (Figura 4.7, Tabela 4.2).

O valor médio de perda de massa para o pau-brasil é significativamente diferente dos valores para o abeto de Douglas e para o pinheiro amarelo do sul. O valor médio global de perda de massa de madeira de *C. formosanus* é significativamente diferente do de *C. gestroi,* e *C. formosanus* apresentou taxas de alimentação mais elevadas em abeto de Douglas e pinheiro amarelo do Sul do que *C. gestroi.* Estes resultados são consistentes com os de Uchima e Grace (2003b) com abeto de Douglas, e podem refletir diferenças de tamanho ou de níveis de atividade entre as duas espécies de *Coptotermes*.

Table 4.1 Resumo dos resultados do teste de escolha múltipla para *C. formosanus* e C. *gestroi*

Wood Species	Termite Species	Mean Visual Rating	Mean Mass Loss (g)	Mean Percent Mass Loss
Douglas fir *Pseudotsuga menziessii* (DF)	*Coptotermes formosanus* (Cf)	4.80 (±1.095)	0.6983 (±0.1668)	33.67 (±7.85)
Southern Yellow pine *Pinus* spp. (YP)	*Coptotermes formosanus* (Cf)	5.40 (±1.342)	0.5585 (±0.2130)	27.98 (±10.63)
Redwood *Sequoia sempervirens* (RW)	*Coptotermes formosanus* (Cf)	8.6 (± 0.548)	0.0639 (±0.0354)	4.75 (±2.73)
Douglas fir *Pseudotsuga menziessii* (DF)	*Coptotermes gestroi* (Cg)	6.1 (±1.342)	0.3947 (±0.0779)	13.39 (±9.52)
Southern Yellow pine *Pinus* spp. (YP)	*Coptotermes gestroi* (Cg)	6.2 (±0.894)	0.3754 (±0.0909)	13.85 (±9.35)
Redwood *Sequoia sempervirens* (RW)	*Coptotermes gestroi* (Cg)	7.6 (± 0.894)	0.1180(±0.0522)	6.28 (±4.78)

Classificação: 10 (bom), 9,5 (vestígio, são permitidas mordidelas superficiais), 9 (ataque ligeiro até 3% da área da secção transversal afetada), 8 (ataque moderado, 3-10% da área da secção transversal afetada), 7 (ataque moderado/grave, penetração, 10-30% da área da secção transversal afetada), 6 (ataque grave, 30-50% da área da secção transversal afetada), 4 (ataque muito grave, 50-70% da área da secção transversal afetada) ou 0 (fracasso).

Table 4.2 Resumo dos resultados (ANOVA de duas vias, Ryan-Einot-Gabriel-Welsch Multiple Range Test [REGWQ]) (SAS 9.2)

		Mean Mass Loss (g)
Wood Species (*p*<0.0001)	Douglas fir *Pseudotsuga menziessii* (DF)	0.5465 a
	Southern yellow pine *Pinus* spp (YP)	0.4670 a
	Redwood *Sequoia sempervirens* (RW)	0.0910 b
Termite Species (*p*=0.0039)	*Coptotermes formosanus*	0.4402 a
	Coptotermes gestroi	0.2960 b

As médias com a mesma letra não são significativamente diferentes.

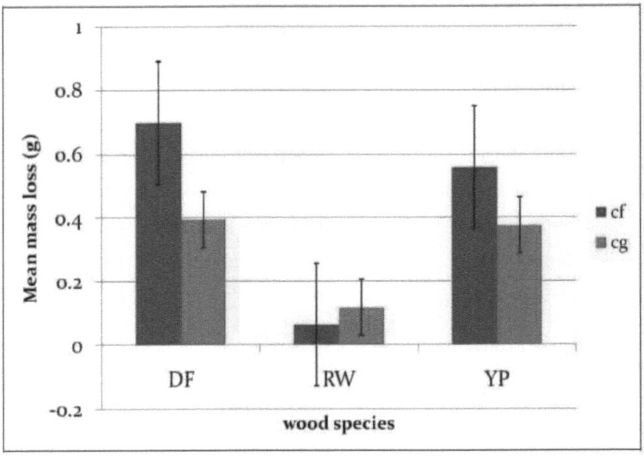

Figura 4.7 Perda de massa média de três espécies de madeira para C. *formosanus* e *C. gestroi* (ANOVA de duas vias e teste de gama múltipla Ryan-Einot-Gabriel-Welsch, P<0,05) (DF=Douglas fir, YP=Southern Yellow pine, RW=Redwood *Cf=Coptotermes formosanus, Cg=Coptotermesgestroi).*

Em conclusão, demonstrei que as taxas de alimentação e as preferências de madeira são ligeiramente diferentes entre as duas térmitas. A média de perdas de massa diferiu entre as três espécies de madeira, e também entre as duas espécies de térmitas. Este é o primeiro estudo a examinar as preferências alimentares destas duas espécies de *Coptotermes* utilizando madeiras comerciais comummente usadas no Havai ou na Florida, onde ambas as espécies de térmitas ocorrem. Os resultados de estudos deste tipo são importantes para determinar os níveis de tratamentos de conservação necessários para proteger as madeiras em regiões com elevada pressão de térmitas, e para identificar madeiras naturalmente duráveis que podem não necessitar de tratamento de conservação. A durabilidade natural é uma área de interesse crescente devido ao interesse dos decisores políticos em reduzir a migração de produtos químicos industriais para o ambiente (Arango et al. 2006).

CAPÍTULO 5

ESTUDO COMPARATIVO DA RESISTÊNCIA DE SEIS ESPÉCIES DE BAMBU CULTIVADAS NO HAWAII AO ATAQUE DE *COPTOTERMES FORMOSANUS* SHIRAKI E *COPTOTERMES GESTROI* (WASMANN) (BLATTODEA: RHINOTERMITIDAE)

INTRODUÇÃO

Os bambus são um dos recursos naturais mais úteis em muitas partes do mundo. Devido às suas várias propriedades, foram designados como a mais importante cultura sustentável e ambientalmente útil do planeta (Bystriakova et al. 2003). Atualmente, existem cerca de 1575 espécies de bambu aceites e várias outras espécies com nomes incorrectos (Ohmberger 1999). De acordo com a classificação atual, os bambus pertencem à família Poaceae (Gramineae), subfamília Bambusoideae. A subfamília inclui tanto os bambus lenhosos[10] como os herbáceos[11] (Judziewicz 1999). Está dividida numa tribo de bambus lenhosos (Bambuseae, novamente dividida em 10 subtribos) e 5 tribos de bambus herbáceos. No total, existem cerca de 120 géneros de bambus no mundo (Ohmberger 1999).

As gramíneas bambusóides estão naturalmente distribuídas em todos os continentes, exceto na Europa e na Antárctida. Os bambus estão altamente concentrados na faixa tropical e subtropical que inclui o leste e o sul da Ásia e a América do Sul e Central. A diversidade é mais elevada na cintura de monções do sudeste asiático, no sul da China e nas regiões costeiras do lado atlântico da América do Sul. A África e a Austrália têm menos espécies em comparação com a Ásia e as Américas (Ohmberger 1999).

Os bambus estão a ganhar popularidade em todo o mundo para fins ornamentais e económicos (Bezona et al. 1997). A Ásia é o continente onde o bambu está mais integrado na cultura. Os bambus são amplamente utilizados para a construção de casas em zonas propensas a terramotos, especialmente na China, Índia, Japão, Malásia, Indonésia e Filipinas (S.N.Sanyal et al. 1981). Curiosamente, em muitos países asiáticos, a utilização do bambu está a diminuir porque o recurso está a ser sobreutilizado devido à urbanização e ao aumento da população (Cusack e Stewart 1999). As Américas (Norte, Central e Sul), África (Tropical, Sul e Madagáscar), Austrália (especialmente o Norte da Austrália), e o Pacífico (Nova Guiné, Pacífico e Polinésia) também contêm muitas espécies diferentes de bambu. Estas espécies têm um valor cultural, de construção e histórico. Algumas das principais utilizações são como materiais de construção, pontes, vedações, para o fabrico de cestos, mobiliário, esteiras, cabos de ferramentas, instrumentos musicais, fabrico de papel e pasta de papel e alimento para humanos e gado (S.N.Sanyal et al. 1981, Higuchi 1987). Os rebentos de bambu jovens são um alimento muito popular em todo o mundo, incluindo nos EUA, onde atualmente são consumidas mais de 30.000 toneladas de rebentos comestíveis por ano (Cusack e Stewart 1999). Além disso, algumas espécies de bambu são cultivadas para fins ecológicos, como a estabilização e a prevenção da erosão. Os bambus crescem principalmente em áreas tropicais, com algumas espécies encontradas nas regiões subtropicais e temperadas.

---

[10] Padrões complexos de ramificação, duas fases de crescimento; fase de alongamento do rebento e fase de ramificação vegetativa, clones espessos e flores bissexuais.

[11] Padrões de ramificação simples ou não ramificados, uma fase de crescimento; fase alongada do rebento, paredes finas e flores unissexuais.

Existem dois tipos de bambu: o bambu aglomerado e o bambu corrente. Os bambus aglomerados têm rizomas curtos e compactos com caules subterrâneos e os bambus de corrida crescem lateralmente 2-3 pés a partir da planta original no primeiro ano. Por isso, os bambus de corrida têm rizomas que se podem espalhar lateralmente. Eles crescem muito rapidamente em comparação com os bambus aglomerados (Bezona et al. 1997). A altura dos bambus varia entre 120 pés (36,5 m) e 6 polegadas (15cm). Eles são ocos, mas o tamanho da cavidade interna depende da espécie, do solo e de outras condições ambientais, como o clima (Sanyal et al. 1988). Os principais constituintes químicos do colmo do bambu são celulose, hemiceluloses e lignina; enquanto os constituintes menores incluem resinas, taninos, ceras e sais inorgânicos (Seethalakshmi e Muktesh Kumar 1998). Esta composição química varia consoante a espécie, as condições de crescimento, a idade, a estação do ano e a parte do caule. Os bambus têm algumas propriedades físicas e mecânicas importantes, como alta resistência, peso leve, superfície lisa, capacidade de cortar facilmente, alta taxa de crescimento, baixo custo em comparação com outras madeiras e facilidade de transporte (Mishra 1988). Além disso, a pele exterior do bambu tem quantidades consideráveis de sílica, o que melhora a sua durabilidade natural, bem como a sua resistência (Sanyal et al. 1988). O teor de humidade do bambu varia de baixo para cima e das camadas mais interiores para a periferia, e diminui com a idade (Seethalakshmi e Muktesh Kumar 1998).

As ilhas tropicais como o Havai proporcionam habitats ideais para os bambus. Duas espécies, *Bambusa vulgaris* e *Schizostachyam glaucifolium,* estão ligadas às antigas tradições polinésias (Bezona et al. 1997). Os polinésios trouxeram estas duas espécies durante as suas navegações oceânicas. Estes bambus polinésios são aparentemente nativos das ilhas Fiji (Whistler 2009). Existem cerca de 70 espécies e variedades registadas no Havai (Bezona et al. 1997). Todas são introduzidas; algumas estão disponíveis em grandes quantidades, enquanto outras estão limitadas a alguns viveiros locais. Os bambus estão principalmente distribuídos nas ilhas do Havai (Big Island), Oahu e Maui e há muitas organizações/empresas privadas que utilizam o bambu. O bambu é conhecido como "Ohe" em havaiano. Os havaianos utilizam o bambu para diferentes fins, principalmente para construção, mas também para mobiliário, instrumentos musicais (a flauta de três buracos "ohe hano ihu"), vedações, esteiras, utensílios, ferramentas agrícolas, escadas, ornamentos, brinquedos, ferramentas de pesca e alimentos (rebentos jovens imaturos). Além disso, algumas pessoas no Havai plantam bambus para prevenir a erosão.

Foi efectuada muita investigação sobre a resistência da madeira às térmitas utilizando diferentes madeiras (discutida brevemente no Capítulo 4), mas a investigação sobre bambus foi muito limitada. Mishra e Rana (1992) e Mishra e Thakur (1998) efectuaram avaliações laboratoriais da resistência natural de diferentes espécies de bambu às térmitas na Índia. Usando *Microcerotermes beesoni* e 13 espécies de bambu encontradas na Índia, eles descobriram que a resistência natural dos bambus era mais ou menos comparável à de algumas das espécies de madeira comercialmente importantes e moderadamente duráveis. Além disso, relataram que a camada externa do bambu é altamente resistente e que as térmitas normalmente invadem o bambu apenas a partir da parte cortada. Dhawan et al. (2007) estudaram os danos causados pelas térmitas em relação à composição química dos bambus. Estes autores verificaram que o teor de azoto no bambu estava diretamente relacionado com os danos causados pelas térmitas. A quantidade de lignina, cinzas e sílica presente no bambu influenciou os danos causados pelas térmitas e desempenhou um papel significativo na resistência das térmitas.

Gogoi e Sonowal (2011) fizeram uma experiência com *Bambusa tulda* para testar a resistência das térmitas e dos fungos do bambu tratado quimicamente. Verificaram que o ditiocarbamato e o seu complexo de cobre eram um bom inibidor da celulase. Todas as amostras de bambu tratadas registaram uma menor perda de peso do que as amostras não tratadas. Dhawan e Mishra (2005) efectuaram outro estudo sobre a influência da época de abate na resistência natural dos bambus às térmitas. Dhawan e Mishra (2005) constataram que os bambus abatidos durante os meses de verão são mais susceptíveis ao ataque de térmitas. Esta variação sazonal pode ser atribuída a alterações no teor de hidratos de carbono (elevado teor de hidratos de carbono no bambu abatido durante os meses de verão). Além disso, Higuchi (1987) analisou a química e a bioquímica de três espécies diferentes de bambu comuns no Japão; Sanyal et al. (1988) escreveram uma revisão sobre as propriedades de resistência e as utilizações dos bambus na Índia; e Mishra (1988) estudou a utilização estrutural do bambu em habitações rurais na Índia.

No presente estudo, examinei a resistência de seis espécies de bambu cultivadas em Maui, no Havaí, ao ataque de *C. formosanus* e *C. gestroi.* Estas descobertas serão úteis tanto para identificar espécies resistentes a térmitas que possam ser cultivadas localmente no Havai, como para determinar que espécies comerciais necessitarão de tratamento conservante antes de serem utilizadas em regiões com elevado risco de térmitas.

OBJECTIVOS

Determinar a resistência de seis espécies de bambu cultivadas no Havai a *C. formosanus* e C. *gestroi*

QUESTÕES DE INVESTIGAÇÃO

O ataque das térmitas ao bambu é diferente consoante o tipo de bambu:

1. Espécies de bambu?
2. Espécies de térmitas?

MATERIAIS E MÉTODOS

Foi utilizado um teste de não-escolha ou de escolha única, descrito como método normalizado na norma El- 09 da American Wood Protection Association (AWPA 2009), para avaliar os níveis de resistência ao ataque de térmitas de seis espécies diferentes de bambu cultivadas em Maui, no Havai, nomeadamente *Bambusa hirose (*BH) (bambu de Hirose), *Bambusa oldhamii* (BO) (bambu Oldhami/bambu gigante), *Dendrocalamus brandisii* (DB) (bambu dragão doce), *Dendrocalamus latiflorus* (DL) (bambu gigante doce), *Gigantocholoa pseudoarundinaceae (*GP) (bambu gigante grande) e *Guadua angustifolia* (GA) ("guadua"). Todas as amostras de bambu foram fornecidas por Whispering Winds Bamboo, Hana, Maui.

APARELHOS E MATERIAIS

1. AMOSTRAS DE BAMBU

As amostras foram cortadas de seis espécies de bambu com uma serra de fita. Embora a parede exterior das amostras variasse em espessura, as amostras foram cortadas para incluir as superfícies exterior e interior, e cada amostra de teste tinha aproximadamente 25 mm (1 polegada) por 25 mm (1 polegada) por 5mm (1/4 polegada). Todas as amostras foram autoclavadas (Getinge Auto Clave, Gettings USA, Inc, Nova Iorque) a 256 °C e 20 PSI durante 60 minutos para remover os bolores. Para cada espécie de bambu havia cinco réplicas e três controlos ambientais (expostos às mesmas condições de ensaio, mas sem térmitas). Todas as amostras foram secas numa estufa (calibrada com um termómetro Salvis) a 90 °C durante 24 horas e deixadas arrefecer à temperatura ambiente num exsicador durante uma hora. As amostras secas foram pesadas numa balança Mettler AE 163.

2. **CONCEPÇÃO EXPERIMENTAL**

Os recipientes de ensaio (frascos) tinham 85 mm de diâmetro e 97 mm de altura, eram feitos de poliestireno e tinham uma tampa de plástico com rosca. Foram utilizados dois conjuntos de frascos: frascos de ensaio (com cinco térmitas) e frascos de controlo ambiental (sem térmitas). Cada frasco continha 150 g de areia de sílica (grânulos finos (40-100 mesh, Fisher Scientific, Fair Lawn, New Jersey 07410), 30 ml de água destilada (para reter a humidade) e uma única bolacha de bambu.

BIOENSAIOS E TÉRMITAS

As térmitas foram recolhidas em dois locais de campo diferentes: *C. gestroi* de Kalaeloa (anteriormente Barber's Point Naval Air Station) no lado sudoeste da ilha de Oahu, Havai, e *C. formosanus* de colónias localizadas no campus de Manoa da Universidade do Havai. As térmitas foram recolhidas utilizando técnicas modificadas das de (Tamashiro et al. 1973) e (Su e Scheffrahn 1986). Duzentas térmitas vivas (180:20, operárias:soldados) foram colocadas em cada recipiente de teste. As tampas dos frascos foram colocadas de forma solta. Os frascos foram colocados numa incubadora sem luz a 28 °C e 72-80% HR durante quatro semanas. Todas as semanas, todos os frascos foram inspeccionados visualmente e os padrões de abertura de túneis e as actividades das térmitas foram registados. No final do período de teste de quatro semanas, todos os frascos foram desmontados e as bolachas foram removidas. As térmitas vivas foram contadas para registar as suas taxas de mortalidade. Todas as wafers foram deixadas a secar ao ar à temperatura ambiente durante 24 horas, depois foram secas em estufa a 90°C durante 24 horas e deixadas arrefecer à temperatura ambiente num exsicador durante uma hora. Finalmente, todas as bolachas foram novamente pesadas para determinar a quantidade consumida pelas térmitas, e também avaliadas visualmente usando a escala descrita na norma El-09 da AWPA (2009) (Tabelas 5.1 e 5.2). Para comparar as taxas de alimentação nas seis espécies diferentes de bambu entre *C. formosanus* e *C. gestroi, utilizei* ANOVA de uma via e TUKEY HSD para separação de médias (SAS 9.2). Além disso, a ANOVA de duas vias e o teste de alcance múltiplo de Ryan-Einot-Gabriel-Welsch [REGWQ] foram feitos usando o SAS 9.2 para detetar quaisquer diferenças significativas na perda de massa média entre as seis espécies de bambu, bem como entre as duas espécies de cupins (Tabela 5.3).

RESULTADOS E DISCUSSÃO

Como já foi observado por Grace et al. (2004), observei algumas diferenças entre C. *formosanus* e *C. gestroi* nos padrões de tunelamento (Figuras 5.1 e 5.2). *Coptotermes gestroi* fez um maior número de túneis estreitos e altamente ramificados, enquanto C. *formosanus* fez menos túneis, e menos ramificados. Para além disso, C. *gestroi construiu* túneis até ao topo de todos os frascos nas primeiras três semanas; mas C. *formosanus* fez muito poucos túneis até ao topo de apenas alguns frascos no mesmo período de tempo. Nas primeiras duas semanas, ambas as espécies de térmitas foram muito activas na abertura de túneis e moveram-se para as bolachas de bambu. Durante a primeira semana de observações, a C. *gestroi alimentou-se de forma* muito ligeira[12] em *Bambusa hirose, B. oldhamii, D. latiflorus* e *Guadua angustifolia;* enquanto que a C. *formosanus*

[12] Escala de alimentação 0 - sem alimentação aparente, 1 - alimentação ligeira, 2 - alimentação moderada, 3 - alimentação intensa, u - desconhecida, visibilidade obscurecida por areia ou detritos

não causou danos visíveis em nenhuma bolacha de bambu. Durante a segunda semana de inspeção, *C. gestroi* causou grandes danos a *B. oldhamii* e *Guadua angustifolia.* No entanto, *C. formosanus apresentou danos de* luta em todos os tipos de bambu, exceto em *D. latiflorus* e *Dendrocalamus brandisii*, que apresentaram danos moderados. Uma vez que algumas das bolachas com ambas as espécies de térmitas estavam cobertas de areia, tive alguma dificuldade em estimar visualmente as taxas de alimentação. Durante a terceira e quarta semanas, ambas as espécies de térmitas exibiram menos atividade de escavação de túneis mas uma atividade de alimentação relativamente elevada. *Coptotermes formosanus*, em particular, alimentou-se intensamente de *Bambusa hirose* e *Guadua angustfolia.* Além disso, observei que todas as nossas amostras de teste foram invadidas pelas térmitas a partir dos lados cortados e através da camada interior, em vez de diretamente através da superfície exterior (Figuras 5.3 e 5.4). A razão para este padrão de ataque pode ser o facto de a camada exterior do bambu ter uma quantidade considerável de cinzas e sílica (Semana et al. 1967, Espiloy 1983), e de estes compostos ajudarem a melhorar a durabilidade natural, bem como a conferir resistência aos bambus (Sanyal et al. 1988). Observei algumas actividades de fungos (ligeiras a densas)[13] em todas as amostras de controlo ambiental (sem térmitas presentes) (Figura 5.5).

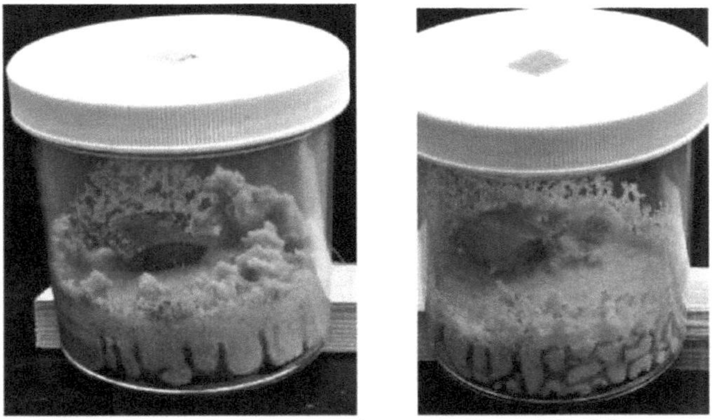

Figura 5.1 Amostras de frascos de ensaio de *C. formosanus* (esquerda) e C. *gestroi* (direita)

Figura 5.2 Padrões de tunelização de *C. formosanus* (esquerda) e C. *gestroi* (direita)

[13] Escala de fungos 0 - nenhum fungo visível, 1 - muito poucos fungos, 2 - esporângios/micélios visíveis, 3 - cobertura fúngica densa

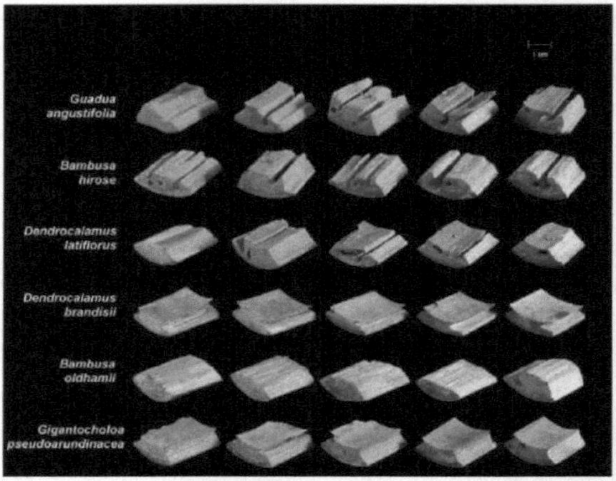

Figura 5.3 Blocos de bambu mostrando danos causados por *C. formosanus.* Imagem cortesia de Robert Oshiro

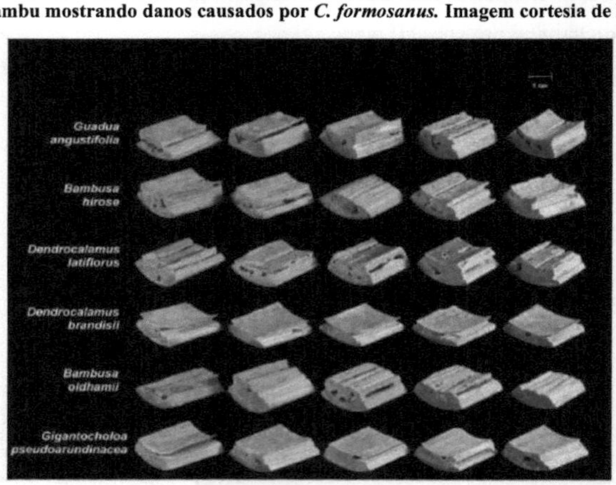

Figura 5.4 Blocos de bambu mostrando danos causados por C. *gestroi.* Imagem cortesia de Robert Oshiro

Figura 5.5 Amostra do frasco de ensaio de controlo ambiental (após 28 dias)

Os resumos dos resultados das minhas análises de dados são apresentados nos Quadros 5.1 e 5.2. A média das avaliações visuais dos danos causados pelas térmitas variou de moderada a severa com ambas as espécies de térmitas. Entre as seis espécies de bambu testadas, as perdas totais de massa de ambas as espécies de térmitas variaram de 13% a 29%. O dano máximo foi observado em *Guadua angustifolia* (GA) para ambas as espécies de cupins (C. *formosanus* 28,84%, *C. gestroi* 24,52%) e o dano mínimo foi observado em *Gigantocholoa pseudoarundinacea* (GP) (C. *formosanus* 14,20%, C. *gestroi* 12,96%). As restantes espécies de bambu apresentaram valores intermédios de perda de massa. Os danos em cada espécie de bambu foram semelhantes em ambas as térmitas (Figura 5.7). Quando comparamos a alimentação das térmitas nestas espécies de bambu com os resultados obtidos anteriormente com três madeiras comerciais (abeto de Douglas, pinheiro amarelo do sul e pau-brasil) (Capítulo 4), *C. formosanus* mostrou maior alimentação em abeto de Douglas (33,67 ±7,85) e pinheiro amarelo do sul (27,98 +10,63) do que nas seis espécies de bambu. No entanto, com *C. gestroi,* a alimentação em bambu foi maior do que a observada em abeto de Douglas (13,39 +9,52) ou pinheiro amarelo do sul (13,85 +9,35). Ambas as espécies de térmitas foram as que menos se alimentaram de pau-brasil em comparação com outras madeiras comerciais ou bambu (C. *formosanus* - 4,75 ±2,73, *C. gestroi* - 6,28 ±4,78).

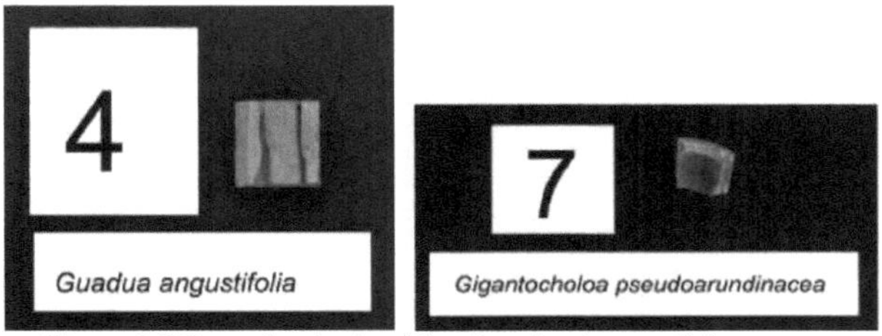

Figura 5.6 Exemplos de classificações visuais para *C.formosanus*

Quadro 5.1 Resumo dos resultados do teste de não seleção para *C.formosanus*

Bamboo Species	Mean Visual Rating	Mean Mass Loss (g)	Mean Percent Mass loss (%)	Mean Percent Termite Mortality (%)
Guadua angustifolia (GA)	5.20 (±1.10)	0.6912 (±0.11) a	28.84 (±2.12)	18.90 (±5.67)cd
Bambusa hirose (BH)	6.00 (±1.41)	0.6214 (±0.07) a	24.98 (±4.11)	24.90 (±3.34)abc
Dendrocalamus latiflorus (DL)	7.00 (±0.00)	0.5744 (±0.05)ab	21.12 (±2.63)	25.40 (±6.55)bd
Dendrocalamus brandisii (DB)	6.00 (±0.00)	0.5227 (±0.07)ab	19.68 (±3.95)	30.10 (±12.53)bd
Bambusa oldhamii (BO)	6.40 (±0.55)	0.4838 (±0.07)b	18.08 (±4.16)	38.10 (±6.54)b
Gigantocholoa pseudoarundinacea (GP)	7.40 (±0.55)	0.4300 (±0.03)b	14.20 (±0.95)	32.30 (±5.03)bd

Os valores entre parêntesis são desvios-padrão; as médias dentro de uma coluna seguidas da mesma letra não são significativas ao nível de 5% (ANOVA unidirecional. HSD de Tukey - SAS 9.2).

- Classificação: 10 (bom), 9,5 (vestígio, são permitidas mordidelas superficiais), 9 (ataque ligeiro até 3% da área da secção transversal afetada), 8 (ataque moderado, 3-10% da área da secção transversal afetada), 7 (ataque moderado/grave, penetração, 10-30% da área da secção transversal afetada), 6 (ataque grave, 30-50% da área da secção transversal afetada), 4 (ataque muito grave, 50-70% da área da secção transversal afetada) ou 0 (fracasso).

Quadro 5.2 Resumo dos resultados do teste de não seleção para C. *gestroi*

Bamboo Species	Mean Visual Rating	Mean Mass Loss (g)	Mean Percent Mass loss (%)	Mean Percent Termite Mortality (%)
Guadua angustifolia (GA)	5.20 (±1.10)	0.6514 (±0.04)a	24.52 (±3.28)	19.30 (±3.52)d
Bambusa hirose (BH)	6.00 (±1.41)	0.5700 (±0.10)ab[a]	20.97 (±8.02)	41.00 (±13.98)abc
Dendrocalamus latiflorus (DL)	6.00 (±0.00)	0.6068 (±0.06)a	21.04 (±2.64)	28.10 (±5.79)acd
Dendrocalamus brandisii (DB)	7.00 (±0.00)	0.4665 (±0.01)bd	16.76 (±2.23)	31.50 (±2.79)acd
Bambusa oldhamii (BO)	6.40 (±0.55)	0.4526 (±0.10)bc	15.73 (±2.87)	49.60 (±9.83)b
Gigantocholoa pseudoarundinacea (GP)	7.40 (±0.55)	0.3928 (±0.03)cd	12.96 (±1.24)	41.50 (±9.07)abc

- "Os valores entre parênteses são desvios-padrão; as médias dentro de uma coluna seguidas da mesma letra não são significativas ao nível de 5% (ANOVA unidirecional, HSD de Tukey - SAS 9.2).
- Classificação: 10 (bom), 9,5 (vestígio, mordidelas superficiais permitidas), 9 (ataque ligeiro até 3% da área da secção transversal afetada), 8 (ataque moderado, 3-10% da área da secção transversal afetada), 7 (ataque moderado/grave, penetração, 10-30% da área da secção transversal afetada), 6 (ataque grave, 30-50% da área da secção transversal afetada), 4 (ataque muito grave, 50-70% da área da secção transversal afetada) ou 0 (falha)

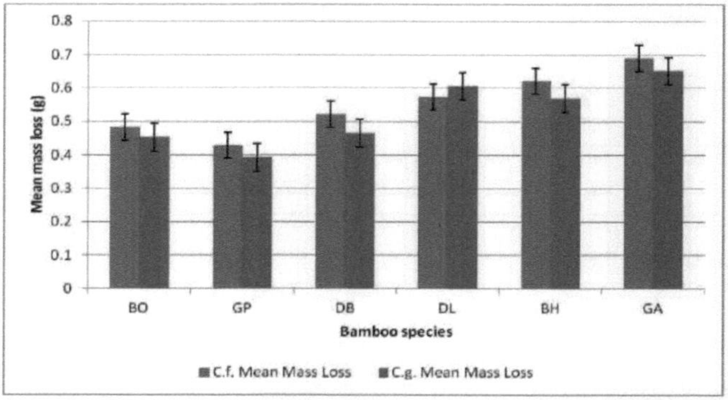

Figura 5.7 Perda de massa média de seis espécies diferentes de bambu expostas a *C. formosanus* e C. *gestroi* (ANOVA unidirecional e teste de gama múltipla de Ryan-Einot-Gabriel-Welsch, P<0,05)

Quadro 5.3 Resumo dos resultados (ANOVA de duas vias, teste de gama múltipla Ryan-Einot-Gabriel-Welsch [REGWQ]) (SAS 9.2)

		Mean Mass Loss (g)
Wood Species (p<0.0001)	*Bambusa hirose* **(BH)**	0.5957a
	B. oldhamii **(BO)**	0.4682bc
	Dendrocalamus brandisii **(DB)**	0.4946b
	D. latiflorus **(DL)**	0.5906a
	Gigantocholoa pseudoarundinacea **(GP)**	0.4114c
	Guadua angustifolia **(GA)**	0.6713a
Termite Species (p=0.0855)	*Coptotermes formosanus*	0.5539a
	Coptotermes gestroi	0.5234a

As médias com a mesma letra não são significativamente diferentes.

A ANOVA de duas vias indicou diferenças significativas nos valores médios de perda de massa entre as seis espécies diferentes de bambu (F=20,53, *DF*= 5, KO,0001), mas nenhuma diferença significativa na alimentação entre as duas espécies de térmitas (F= 3,08, *DF*= 1, P=0,0855). Isto sugere que ambas as espécies de térmitas têm preferências semelhantes pelo bambu.

A porcentagem média de mortalidade de cupins diferiu significativamente tanto entre as seis diferentes espécies de bambu (F=12,07, *Df=5,* P<0,0001) quanto entre as espécies de cupins (F=9,26, *Df=l, P=* 0,0038) (Figura 5.8). Em comparação com *C. formosanus, C. gestroi* apresentou maior mortalidade, possivelmente devido às condições do teste serem mais favoráveis para C. *formosanus* subtropical.

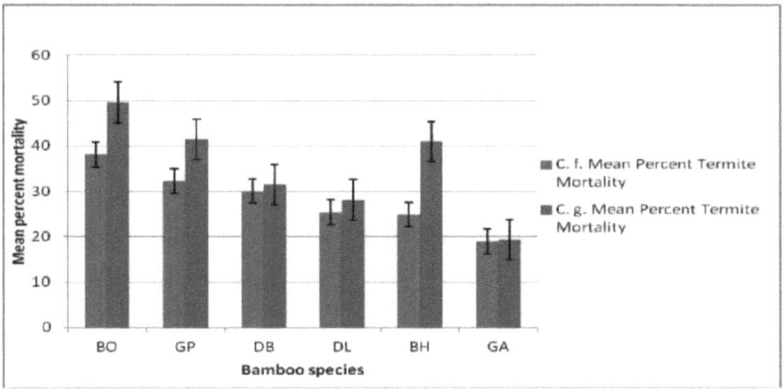

Figura 5.8 Percentagem média de mortalidade de C. ***formosanus*** **e C.** ***gestroi*** **após exposição a seis espécies diferentes de bambu (ANOVA unidirecional e teste de gama múltipla de Ryan-Einot-Gabriel-Welsch, PC0,05)**

De acordo com a classificação da durabilidade da madeira desenvolvida por Grace et al. (1996)[14] , as seis

[14] As madeiras resistentes foram classificadas visualmente como 9 ou melhor, com perdas médias de massa não superiores a 5 por cento; as da categoria moderadamente resistente são classificadas acima de 7, com perdas médias de massa não superiores a 10 por cento; as madeiras ligeiramente resistentes foram classificadas acima de 6, com perdas de massa não

espécies de bambu podem ser categorizadas na Tabela 5.4 para ambas as espécies de térmitas.

Quadro 5.4 Classificação da durabilidade das espécies de bambu pelas térmitas (segundo Grace et al. 1996)

Bamboo species	Durability class
Guadua angustifolia	Susceptible
Bambusa hirose	Susceptible
Dendrocalamus latiflorus	Susceptible
D. brandisii	Slightly resistance
B. oldhamii	Slightly resistance
Gigantochloa pseudoarundinacea	Slightly resistance

De acordo com esta classificação, todas as espécies de bambu testadas não eram muito resistentes a nenhuma das espécies de térmitas. Este facto corrobora a opinião de Mishra e Rana (1992) de que os bambus devem ser considerados madeiras perecíveis e não são geralmente resistentes ao ataque das térmitas. A alimentação diferente em diferentes espécies de bambu pode ser devida a algumas diferenças na composição química. Por exemplo, uma maior quantidade de hidratos de carbono (especialmente o teor de amido) pode tornar as madeiras relativamente mais susceptíveis ao ataque de insectos (Beeson 1941, Roonwal e Thapa 1960, Sulthoni 1988). Dhawan et al. (2007) também descobriram, contudo, que os oligossacáridos e os polissacáridos não desempenham um papel significativo na resistência das térmitas. No entanto, o conteúdo de lignina, azoto, cinzas e sílica pode ter um efeito na resistência das térmitas. Por exemplo, observou-se que a quantidade de lignina presente no bambu (Dhawan et al. 2007) está inversamente relacionada com os danos causados pelas térmitas. Portanto, um alto teor de lignina leva a baixos danos causados pelas térmitas; e a lignina interfere com a digestão ligando tanto o substrato de hidratos de carbono como as enzimas digestivas no intestino do inseto (Dhawan et al. 2007). Um elevado teor de azoto (alimento rico em azoto) é preferido pelas térmitas, e o teor de azoto no bambu pode estar diretamente relacionado com os danos causados pelas térmitas. Um teor mais elevado de cinzas não é preferido pelas térmitas, não é absorvido no seu corpo e passa através das fezes. Alguns dos minerais encontrados nas madeiras e nos bambus podem também ter algum efeito tóxico ou perturbar a fisiologia do inseto. Além disso, a presença de cristais de sílica no bambu inibe a digestão e tem sido designada como um redutor da digestibilidade (Dhawan et al. 2007). Assim, o teor de sílica do bambu pode estar inversamente relacionado com os danos causados pelas térmitas.

Dhawan e Mishra (2005) observaram que a variação sazonal no crescimento ou na colheita do bambu pode também ter algum efeito na resistência das térmitas, possivelmente devido a alterações na composição química das espécies de bambu. O teor de hidratos de carbono (açúcares livres e hidratos de carbono) aumenta durante o verão. Como resultado, as taxas de alimentação das térmitas também podem aumentar. No entanto, durante o inverno, o teor de hidratos de carbono é baixo e a taxa de crescimento do bambu também é baixa. Por conseguinte, as térmitas não preferem alimentar-se de bambu durante este período. Dhawan e Mishra (2005) verificaram que os bambus colhidos durante os meses de inverno eram mais resistentes ao ataque das térmitas do que os colhidos durante o verão. Alguns compostos fenólicos também demonstraram contribuir

---

superiores a 20 por cento; as consideradas susceptíveis receberam classificações visuais de 6 ou menos e sofreram perdas médias de massa superiores a 20 por cento.

para aumentar a resistência às térmitas (Abushama e Abdel Nur 1978).

Shukla et al. (1988) verificaram que os bambus são susceptíveis a um grande número de fungos causadores de doenças e que a madeira infetada por fungos pode ser atractiva para as térmitas. Por conseguinte, os fungos foram considerados o principal invasor do bambu, seguido das térmitas (Mishra e Thakur 1998). Finalmente, é possível que as características do bambu, tais como a idade, o diâmetro, a altura, a época de abate, o método de tempero, etc., também possam ter um efeito no ataque das térmitas (Mishra e Thakur 1998).

Em conclusão, C. *fomosanus* e *C. gestroi* mostram preferências muito semelhantes por seis espécies diferentes de bambu cultivadas no Havaí. As minhas descobertas fornecem evidências dos níveis relativos de resistência desses bambus, e é importante notar que nenhum deles era altamente resistente ao ataque de térmitas e a maioria deve ser considerada perecível. Em trabalhos futuros, tenciono explorar outras espécies de bambu cultivadas no Havai que possam mostrar maior resistência às térmitas, e utilizar octaborato dissódico tetra-hidratado e outros conservantes para proteger espécies de bambu susceptíveis.

CAPÍTULO 6

LEVANTAMENTO DE CAMPO DE COLÓNIAS DE *COPTOTERMES FORMOSANUS* SHIRAKI E *COPTOTERMES GESTROI* (WASMANN) (BLATTODEA: RHINOTERMITIDAE) EM OAHU, HAWAII INTRODUÇÃO

As Ilhas Havaianas são um arquipélago de oito ilhas principais no Oceano Pacífico Norte, formado por atividade vulcânica num ponto quente do manto terrestre. O arquipélago das ilhas Havaianas é o grupo de ilhas mais isolado do mundo. As ilhas têm um clima típico das extremidades da região tropical, com temperaturas que variam entre 25°C e 32°C. As ilhas recebem a maior parte da sua precipitação dos ventos alísios durante os meses de inverno (outubro a abril) (Ziegler 2002).

Foram registadas oito espécies de térmitas introduzidas no Havai (Grace et al. 2002). Entre elas, a térmita subterrânea da Formosa, *Coptotermes formosanus,* é a praga economicamente mais importante e amplamente distribuída no Havai (Grace et al. 2002). Foi introduzida no Havai há mais de 100 anos. Os custos anuais de controlo e reparação dos danos causados pelo *C. formosanus* são de cerca de 100 milhões de dólares (Tamashiro et al. 1987). Em contraste, a térmita subterrânea asiática *C. gestroi,* introduzida mais recentemente, formalmente conhecida como *Coptotermes vastator* Light no Pacífico (Yeap et al 2007), tem uma distribuição muito limitada na ilha de Oahu (Woodrow et al. 2001).

As térmitas de madeira seca (família Kalotermitidae) incluem a *Incisitermes immigrans* e a *Neotermes connexus,* ambas residentes de longa duração no Havai (Woodrow et al. 1999). Outras térmitas de madeira seca, como *Cryptotermes cynocephalas* e *Incisitermes minor,* também foram recolhidas na ilha de Oahu (Grace et al. 2002). Uma térmita de madeira podre, *Zootermopsis angusticollis* (Termopsidae), foi encontrada na região de Kula, na ilha de Maui (Grace et al. 2002).

C. *formosanus* encontra-se principalmente nas regiões subtropicais e temperadas, enquanto C. *gestroi* ocorre maioritariamente nos trópicos (Su 2003, Grace 2006). A distribuição destas duas espécies sobrepõe-se na Florida (Scheffrahn e Su 2005), em Taiwan (Shiraki 1909, Tsai e Chen 2003) e no Hawaii (Swezey 1914, Weesner 1965, Li et al. 2009). No Havai, C. *formosanus* está distribuído por toda a ilha de Oahu, ao passo que C. *gestroi* se limita atualmente ao lado sudoeste da ilha. A distribuição de *Coptotermes gestroi parece estar* a expandir-se de forma relativamente lenta (Uchima e Grace 2009).

Existem apenas alguns estudos de campo comparativos destas duas espécies de *Coptotermes* no Havai. Woodrow et al. (2001) efectuaram um estudo ao longo de estradas perimetrais para determinar a sua ocorrência em Oahu. Dos 180 pontos que amostraram em Oahu, 25 eram locais com C. *formosanus* e três com *C. gestroi.*

Uchima e Geace (2003a) estimaram a distância de procura de alimento e o tamanho da população de duas colónias de *C. gestroi* em Oahu, utilizando o método de marcação-libertação-recaptura. As duas colónias de C. *gestroi* estavam presentes numa residência em Kalaeloa, Oahu (anteriormente Barber's Point Naval Housing) e nos estábulos de cavalos de Barber's Point em Kalaeloa. Eles estimaram a população de forrageamento nos estábulos de cavalos como 679.193+120.065 indivíduos, a área de forrageamento como 287,2m^2 e a biomassa de cupins forrageadores como 1,6±0,3 kg. A população de forrageamento na residência em Kalaeloa foi estimada em 186.593±51.910 indivíduos, a área de forrageamento em 10,5m^2 e a biomassa de térmitas forrageadoras em 0,5±0,1kg. Estes resultados sugerem que C. *gestroi* pode ter colónias e áreas de forrageamento mais pequenas do que *C. formosanus* no Havai.

Os objectivos do meu estudo foram: (1) observar as propriedades ambientais de dois locais de campo de C. *formosanus* e C. *gestroi, a* fim de obter uma ideia básica dos seus habitats e da distribuição muito limitada de *C. gestroi;* e (2) documentar qualquer variação sazonal na atividade de forrageamento de C. *formosanus* e C. *gestroi*, verificando as armadilhas de campo todos os meses.

MATERIAIS E MÉTODOS

DESCRIÇÃO DO SÍTIO

Os dois locais de campo das duas espécies diferentes de térmitas na ilha de Oahu diferem em termos de altitude e temperatura. Para *C. formosanus, escolhemos* uma colónia no campus de Manoa da Universidade do Havai, perto de Miller Hall (21° 17' N, 157° 99' W; 23,47 m acima do nível do mar; precipitação média de 267,21 cm; temperatura média anual de 18,61°C) (Figura 6.2). Para C. *gestroi, utilizámos* a colónia dos estábulos de Barber's Point (Kalaeloa) (21° 19' N, 158° 02' W; 9,14 m acima do nível do mar; precipitação anual de 53,09; temperatura média anual de 24°C) (figura 6.1).

Figura 6.1 Local de campo de Kalaeloa, Oahu (C. *gestroi*)

Figura 6.2 Local de campo de Miller Hall, Universidade do Havai em Manoa, Oahu (C. *formosanus*)

INQUÉRITO DE CAMPO

Foram realizados dois levantamentos de campo de janeiro de 2010 a junho de 2011. Para documentar as propriedades ambientais e as variações sazonais na atividade das térmitas, a temperatura e a humidade dos dois locais de campo foram medidas mensalmente utilizando um registador de dados Hobo® (1000- 1100h) (Figura 6.3), foram colhidas amostras de solo de cada local e analisadas quanto às propriedades físicas, e os tipos de vegetação foram observados, fotografados e as amostras levadas para o laboratório para identificação. Durante cada visita ao local, foi contado o número de armadilhas para térmitas activas (térmitas presentes).

Figura 6.3 Registador de dados Hobo® para exterior

RESULTADOS E DISCUSSÃO

Observámos algumas diferenças de temperatura, humidade, vegetação, tipos de solo e teor de água do solo nos dois locais de campo (Quadro 6.1). Em Kalaeloa (local de campo de C. *gestroi*) existem alguns arbustos espinhosos (a maior parte do tempo muito secos), um elevado teor de sedimentos no solo, um baixo teor de água no solo e temperaturas elevadas. A área de C. *formosanus* na Universidade do Havai em Manoa tem alguma vegetação (a maior parte do tempo húmida), um baixo teor de sedimentos no solo em comparação com Kalaeloa, um teor de areia relativamente elevado, um elevado teor de água no solo e uma temperatura relativamente mais baixa do que a área de Kalaeloa.

Muitos estudos correlacionaram variáveis climáticas, como temperaturas mínimas e máximas e precipitação anual, com os limites de distribuição das espécies (Jefffee e Jefffee 1996, Bullock et al. 2000). O meu estudo apresenta alguns dados preliminares sobre as variações climáticas em dois habitats de térmitas que podem ajudar a explicar as diferenças na sua distribuição em Oahu. *Coptotermes gestroi* tem atualmente uma distribuição muito limitada no lado sudoeste de Oahu, que tem uma temperatura elevada durante todo o ano. Esta região pode ser semelhante ao seu ambiente tropical natural.

Amtzen e Themudo (2008) constataram que as variações geográficas nos parâmetros ecológicos determinam a distribuição das espécies. *O C. formosanus* subtropical encontra-se essencialmente em todo o Oahu, exceto nas zonas de floresta alta.

De acordo com a investigação de Grace et al. (2004) e os resultados apresentados nos Capítulos 2 e 3, as colónias de C. *formosanus* podem ser capazes de percorrer grandes distâncias fazendo túneis menos ramificados, mais largos e mais compridos no solo do que *C. gestroi. Além* disso, a área de alimentação das colónias de *C. formosanus* parece ser maior do que a de C. *gestroi* (Uchima e Grace 2003a) e as colónias de *C. gestroi* podem ser limitadas pela presença de C. *formosanus* na área imediata (Uchima e Grace 2009). Uchima e Grace (2003b) também constataram que a taxa de alimentação de madeira de C. *formosanus* é mais elevada do que a de *C. gestroi.* Assim, por estas várias razões, bem como pelo historial de as suas introduções, *C. formosanus* pode apresentar uma distribuição mais alargada do que C. *gestroi* na ilha de Oahu.

Tabela 6.1 Propriedades ambientais dos dois locais de campo (Teste de separação do solo; Areia (0,05 mm), Silte (0,002-0,005 mm) e Argila (0,002 menos))

Species/Field site/Area	Vegetation	Soil type/s	Soil water content	Mean Annual Temperature (°C)	Mean Annual Humidity %
C.gestroi Kalaeloa 246.75 m²	*Prosopis pallida* (kiawe tree), *Asystasia gangetica* (Chinese violet)	Sand 4.7%, Silt 52%, Clay 14.1%	6.33%	29.81	55.23
C.formosanus Miller Hall 28.6 m²	*Asystasia gangetica* (Chinese violet), *Murraya paniculata* (mock orange)	Sand 6.7%, Silt 26.7%, Clay 6.7%	23.66%	26.58	63.64

Verificaram-se algumas diferenças nas actividades sazonais entre C. *formosanus* e *C. gestroi* (Figura 6.4). Não observei qualquer padrão regular de atividade (número de armadilhas activas) em nenhuma das espécies. No caso de *C. formosanus,* o maior número de armadilhas activas foi observado durante o inverno (dezembro de 2010), com 13 em 22 armadilhas. O menor número de armadilhas activas (5 em 22) foi observado durante o verão (julho de 2010 e maio de 2011). De janeiro a março de 2010 e de outubro de 2010 a março de 2011, C. *formosanus* apresentou um pico de atividade de 9-13 armadilhas activas. Por outro lado, *C. gestroi* teve maior atividade durante o verão (junho de 2010) e a primavera (fevereiro de 2011) (100% de atividade). O número mais baixo de armadilhas registado foi de 7 em janeiro e maio de 2010. O pico de atividade de *C. gestroi* foi de outubro de 2010 a março de 2011, com armadilhas activas entre 21 e 22.

Fei e Henderson (2004) referiram que a temperatura e a humidade eram os factores mais importantes na distribuição das térmitas subterrâneas. Bouillon (1970) verificou que as variações sazonais estão diretamente correlacionadas com as actividades de forrageamento das térmitas. Buxton (1981) também observou que o número de térmitas na colónia, a produção de novos indivíduos e a quantidade de alimentos já armazenados no ninho flutuavam de acordo com a estação. Em contraste, no entanto, Dawes-Gromadzki e

Spain (2003) não encontraram relações directas entre a precipitação e a riqueza de espécies de térmitas, frequência e intensidade de ataque a iscos durante a sua investigação de campo sobre padrões sazonais na atividade e riqueza de espécies de térmitas forrageadoras de superfície (Isoptera) em iscos de papel numa savana tropical australiana.

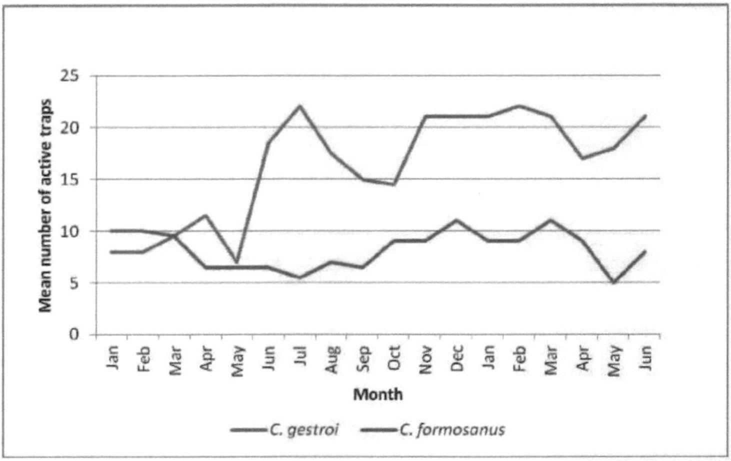

Figura 6.4 Número médio de armadilhas activas para *C. formosanus* e C. *gestroi* em função do mês (de um total de 22 armadilhas) de janeiro de 2010 a junho de 2011

Ao longo do período experimental (de janeiro de 2010 a junho de 2011), verificaram-se algumas flutuações de temperatura e humidade relativa em ambos os locais. A temperatura foi relativamente estável em ambos os locais, em comparação com a humidade relativa. Na zona de *campo de* C. *formosanus*, a temperatura variou entre 23 °C e 30 °C; no entanto, para *C. gestroi, variou* entre 26 °C e 31 °C (Figuras 6.5 e 6.6). Na zona de C. *gestroi* Kalaeloa, a humidade relativa variou entre 46% e 70%, ao passo que na zona de C. *formosanus* Miller Hall variou entre 51% e 80% (figuras 6.7 e 6.8).

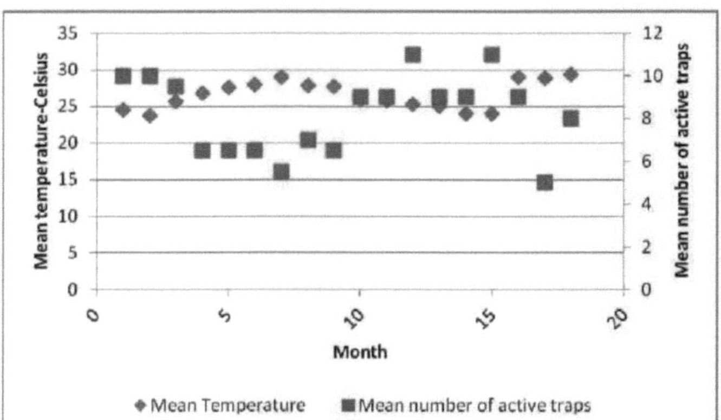

Figure 6.5 Número médio de armadilhas activas de *C. formosanus* em função da temperatura média (Celsius) (de um total de 22 armadilhas) de janeiro de 2010 (mês 1) a junho de 2011 (mês 18)

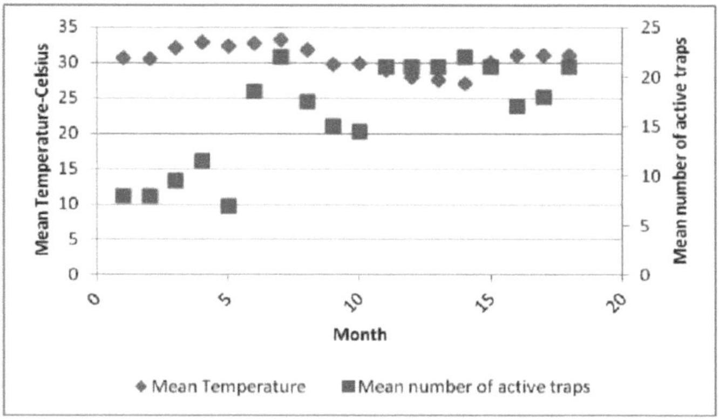

Figure 6.6 **Número médio de armadilhas activas de C. *gestroi* em função da temperatura média (Celsius) (de um total de 22 armadilhas) de janeiro de 2010 (mês 1)-junho de 2011 (mês 18)**

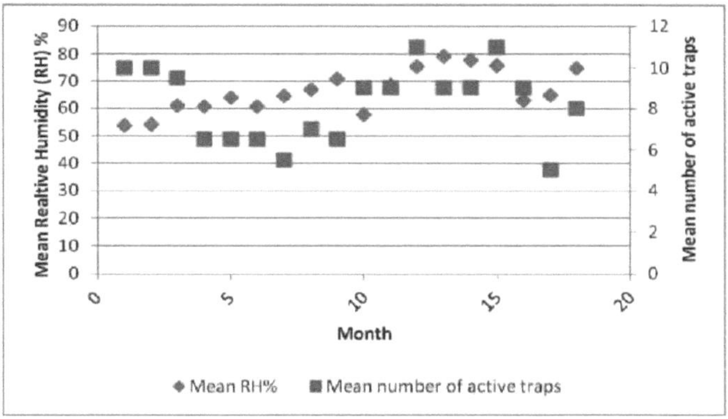

Figure 6.7 **Número médio de armadilhas activas de C. *formosanus* em relação à humidade relativa média (HR) %(de um total de 22 armadilhas) de janeiro de 2010 (mês 1)-junho de 2011 (mês 18)**

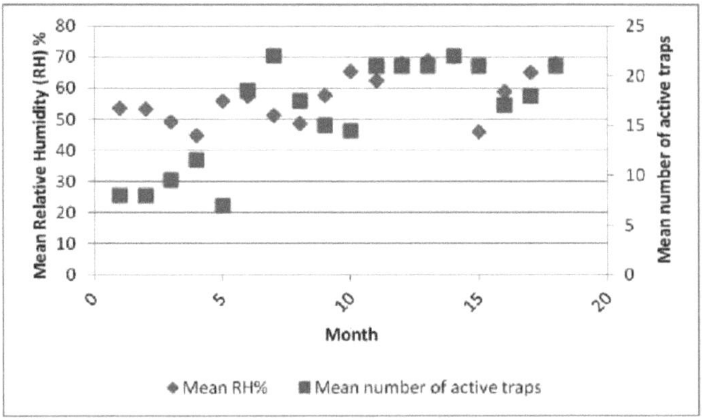

Figure 6.8 **Número médio de armadilhas activas de C. *gestroi* em relação à humidade relativa média (HR) % (de um**

total de 22 armadilhas) de janeiro de 2010 (mês 1)-junho de 2011 (mês 18)

Em conclusão, ambas as espécies apresentaram padrões de atividade irregulares durante diferentes estações e estas actividades podem ou não depender de factores ambientais como a temperatura e a humidade relativa. As distribuições podem mudar no futuro, uma vez que Lee et al. (2011) descobriram que as alterações climáticas podem influenciar as actividades das térmitas e o tamanho dos territórios. A fim de melhorar a precisão destes resultados, seria desejável repetir este estudo durante vários anos, medindo outros factores ambientais para além da temperatura e da humidade relativa.

CAPÍTULO 7

CONCLUSÕES

A térmita subterrânea de Formosan, *Coptotermes formosanus* Shiraki (Blattodea: Rhinotermitidae) é a espécie subterrânea predominante nas regiões subtropicais do mundo (Cornelius e Osbrink 2000). Esta espécie causa danos graves e generalizados em florestas, culturas agrícolas e edifícios urbanos (Lee et al. 2003). A térmita subterrânea asiática *Coptotermes gestroi (*Wasmann) é outra praga estrutural importante encontrada em regiões tropicais (praga principal nas Filipinas e em Guam). No Havai, a C. *formosanus* está distribuída por toda a ilha de Oahu, ao passo que *a C. gestroi* está limitada ao lado sudoeste da ilha.

Realizámos alguns estudos comparativos para observar as suas diferenças no comportamento de forrageamento. O primeiro estudo baseou-se nos padrões de escavação de túneis e o principal objetivo foi quantificar as diferenças nos padrões de escavação de túneis das duas espécies utilizando arenas tridimensionais. Os resultados indicaram que ambas as espécies fizeram túneis quantitativamente diferentes. *A Coptotermes gestroi* fez um grande número de túneis altamente ramificados, mantendo-se dentro de uma pequena área de túneis. *Coptotermes formosanus fez uma* grande área de túneis e expandiu a sua área de forrageamento numa distância maior, fazendo túneis mais largos e menos ramificados. Estes resultados podem ser úteis para prever a distribuição atual e futura de C. *gestroi* no Havai.

O principal objetivo do meu segundo estudo foi avaliar os sistemas de escavação de túneis de *Coptotermes formosanus* e C. *gestroi* quando o alimento (madeira) estava presente na arena de forrageamento como um recurso "aglomerado". Grace et al. (2004) levantaram a hipótese de que a diferença no comportamento de escavação de túneis pode estar relacionada com a eficiência de forrageamento em ambientes tropicais e subtropicais. O C. *gestroi* tropical pode ser capaz de efetuar uma busca intensiva na área imediata onde o alimento (madeira) é encontrado pela primeira vez. Em contraste, o *C. formosanus* subtropical pode ter de percorrer distâncias maiores em busca de recursos dispersos. Observei que o comprimento total diário dos túneis de *C. formosanus* era relativamente maior do que o de *C. gestroi.* Também o tempo médio para descobrir madeira em ambas as extremidades foi maior em *C. gestroi* do que em *C. formosanus.* Estes resultados podem apoiar a hipótese de Grace et al. (2004) de que *C. formosanus* é capaz de localizar recursos distantes de forma mais eficiente do que C. *gestroi.* No entanto, esta questão ainda não está totalmente resolvida, em resultado da replicação limitada no meu estudo devido à perda de duas das seis arenas (algumas falhas práticas). No entanto, os resultados obtidos são consistentes com a visão de que o comportamento de tunelamento de C. *formosanus* é energeticamente mais eficiente quando os recursos estão distantes e agrupados, como nas regiões subtropicais e temperadas. Trabalhos futuros poderão utilizar arenas de forrageamento maiores e/ou incorporar uma distribuição de madeira para imitar a situação tropical mais homogénea.

O principal objetivo da minha terceira experiência foi comparar as suas preferências por três tipos de madeiras de construção comercialmente disponíveis em regiões onde ambas as espécies de térmitas ocorrem, utilizando o teste múltiplo de "três escolhas" (Método modificado pelo Standard EI-09 da American Wood Protection Association (AWPA 2009)). Foram utilizados três tipos de madeira: abeto de Douglas *Pseudotsuga menziessii, pinheiro* amarelo do Sul *Pinus* spp. e madeira vermelha *Sequoia sempervirens.* Observou-se que as perdas de massa médias diferiam entre as três espécies de madeira e que as preferências de madeira eram ligeiramente diferentes entre as duas térmitas. Este é o primeiro estudo a examinar as preferências alimentares destas duas espécies de *Coptotermes* utilizando madeiras comerciais comummente usadas no Hawaii ou na Florida, onde ambas as espécies de térmitas ocorrem em conjunto. Os resultados de estudos deste tipo são importantes para determinar os níveis de tratamentos de conservação necessários para proteger as madeiras em regiões com elevada pressão de térmitas, e para identificar madeiras naturalmente duráveis que podem não necessitar de tratamento de conservação.

No quarto estudo, examinei a resistência de seis espécies de bambu cultivadas em Maui, no Havai, ao ataque de C. *formosanus* e C. *gestroi* utilizando o teste de escolha única (sem escolha) (método descrito na norma EI-09 da Associação Americana de Proteção da Madeira (AWPA 2009)).

De acordo com os resultados, ambas as espécies mostraram preferências muito semelhantes por seis espécies diferentes de bambu. Estes resultados fornecem evidências dos níveis de resistência relativa destes bambus, e é importante notar que nenhum deles era altamente resistente ao ataque de térmitas e a maioria deve ser considerada perecível. Em trabalhos futuros, pretendo explorar outras espécies de bambu cultivadas no Havaí que possam mostrar maior resistência a térmitas, e o uso de octaborato dissódico tetra-hidratado e outros conservantes para proteger espécies de bambu susceptíveis.

Os resultados do inquérito de campo básico dizem-nos que ambas as espécies têm padrões de atividade irregulares durante as diferentes estações e que as suas actividades podem ou não depender de factores ambientais como a temperatura e a humidade relativa. Lee et al. (2011) descobriram que as alterações climáticas podem influenciar as actividades das térmitas e o tamanho do território. Além disso, as suas actividades podem depender de outros factores bióticos e abióticos. Para obter resultados mais precisos, é desejável que esta experiência seja repetida durante, pelo menos, dois ou três anos com controlos de outros factores, exceto a temperatura e a humidade relativa.

AGRADECIMENTOS

Gostaria de agradecer ao meu orientador, Dr. J. Kenneth Grace, pela sua orientação e apoio contínuo durante o meu período de estudo. Agradeço também sinceramente aos membros do meu comité, Dr. Julian Yates III e Dr. Mark Wright, pelas suas valiosas sugestões que melhoraram tanto a minha investigação como a minha tese. Os meus agradecimentos vão também para Robert Oshiro e Maria Aihara-Sasaki pela sua assistência técnica e para as minhas colegas Makena Mason e Reina Tong pela sua ajuda em vários aspectos. O financiamento desta investigação foi parcialmente assegurado pelos acordos de cooperação específicos 58-6615-9-200 e 58-6435-8-294 do USDA-ARS e pelos fundos McIntire-Stennis e Hatch administrados pela Faculdade de Agricultura Tropical e Recursos Humanos da Universidade do Havai em Manoa. Agradeço também aos meus pais pelo seu constante encorajamento enquanto estive longe de casa (Sri Lanka). Por último, mas não menos importante, agradeço ao meu marido, Chaminda, pela sua ajuda constante, e à minha filha pequena, Rochana, pelo seu acompanhamento e compreensão durante todas as fases deste projeto.

REFERÊNCIAS

Abushama, F. T. e H. O. Abdel Nur. 1978. Natural resistance of Sudaneese timber against the sand termite *Psammotermes hyboostoma.* Ent.exp.Applic **24.**

Adobe Systems Incorporated 2010. Adobe Acrobat Professional 8. Adobe Systems Incorporated, San Jose, CA.

Akhtar, M. S. e M. Jabeen. 1981. Influência do tamanho do espécime na quantidade de madeira consumida pelas térmitas. Pakistan Journal of Zoology 13:79-84.

Amburgey, T. L. e R. V. Smythe. 1977. Factores que influenciam a alimentação das térmitas em madeira castanha apodrecida. Sociobiology 3:3-12.

Anon. 2009. Mapas de distribuição de pragas de plantas.

Arab, A., A. M. Costa-Leonard, F. E. Casarin, A. D. C. Guaraldo, e R. C. Chaves. 2005 Atividade de forrageamento e padrões demográficos de duas espécies de cupins (Isoptera : Rhinotermitidae) que vivem em paisagens urbanas no sudeste do Brasil. European Journal of Entomology 102:691-697.

Arab, A. e A. M. Costa-Leonardo. 2005. Efeito de factores bióticos e abióticos no comportamento de escavação de túneis de *Coptotermes gestroi* e *Heterotermes tenuis* (Isoptera : Rhinotermitidae). Behavioural Processes 70:32-40.

Arango, R. A., F. Green, III, K. Hintz, P. K. Lebow e R. B. Miller. 2006. Durabilidade natural de madeiras tropicais e nativas contra danos causados por térmitas *Reticulitermes flavipes* (Kollar). International Biodeterioration & Biodegradation 57:146-150.

Amtzen, J. W. e G. E. Themudo. 2008. Parâmetros ambientais que determinam os limites da área de distribuição geográfica das espécies como uma questão de tempo e espaço. Journal of Biogeography 35:1177-1186.

Badawi, A., A. A. Faragalla, e A. Dabbour. 1984. A resistência natural de algumas espécies de madeira importadas às térmitas subterrâneas na Arábia Saudita. Zeitschrift flier Angewandte Entomologie 98:500-504.

Beeson, C. F. C. 1941. Ecology and control of forest insects of India and neighbouring countries. Varsent Press,Dehra Dun **revisto (1961):767.**

Bess, H. A. 1970. Termites of Hawaii and the Oceanic Islands. Páginas 449-476 *em* K. Krishna e F. W. Weesner, editores. Biology of Termites. Academic Press, Nova Iorque.

Bezona, N. C., F. D. Rauch, e S. Hawaii Cooperative Extension. 1997. Bamboo for forest and garden. Hawaii Cooperative Extension Service, College of Tropical Agriculture and Human Resources, University of Hawaii at Manoa, Honolulu, Hawaii.

Bouillon, A. 1970. Termites of the Ethiopian region. Páginas 153-280 *em* Krishna e F.M.Weesner, editores. Biology of Termites. Academic Press, Nova Iorque, Londres.

Bullock, J. M., R. J. Edwards, P. D. Carey e R. J. Rose. 2000. Separação geográfica de duas espécies de *Ulex* em três escalas espaciais: Does competition limit species' ranges? Ecography 23:257-271.

Buxton, R. D. 1981. Alterações na composição e actividades das comunidades de térmitas em relação à alteração da precipitação. Oecologia (Berlim) 51:371-378.

Bystriakova, N., V. Kapos, I. Lysenko, e C. M. A. Stapleton. 2003. Distribution and conservation status of forest bamboo biodiversity in the Asia-Pacific Region. Biodiversity and Conservation 12:1833-1841.

Campora, C. E. e J. K. Grace. 2001. Orientação de túneis e sequência de padrões de busca da térmita subterrânea de Formosan (Isoptera: Rhinotermitidae). Journal of Economic Entomology 94:1193-1199.

Campora, C. E. e J. K. Grace. 2004. Effect of average worker size on tunneling behavior of Formosan subterranean termite colonies. Journal of Insect Behavior 17:777-791.

Cornelius, M. L. e W. L. A. Osbrink. 2000. Interacções interespecíficas entre *Coptotermes formosanus* e *Reticulitermes Jlavipes* (Isoptera: Rhinotermitidae) em bioensaios laboratoriais. Journal of Insect Behavior 13:757-770.

Cornelius, M. L. e W. L. A. Osbrink. 2010. Effect of Soil Type and Moisture Availability on the Foraging Behavior of the Formosan Subterranean Termite (Isoptera: Rhinotermitidae). Jornal de Entomologia Económica 103:799-807.

Cusack, V. e D. Stewart. 1999. Bamboo world : the growing and use of sympodial clumping bamboos. Kangaroo Press, East Roseville, N.S.W.

Dawes-Gromadzki, T. e A. Espanha. 2003. Seasonal patterns in the activity and species richness of surface-foraging termites (Isoptera) at paper baits in a tropical Australian savanna. Journal of Tropical Ecology 19:449-456.

Dhawan, S. e S. C. Mishra. 2005. Influência da época de abate e da fase da lua na resistência natural dos bambus contra as térmitas. Indian Forester 131:1486-1492.

Dhawan, S., S. C. Mishra, e S. Dhawan. 2007. A study of termite damage in relation to chemical composition of bamboos. Indian Forester 133:411-418.

Edward, R. e A. E. Mill. 1986. Termites in Buildings: Their Biology and Control. Rentokil Limited, W. Sussex, U.K.

Ehrhom, E. M. 1934. The Termites of Hawaii, their economic significance and control and the distribution of termites by commerce. Páginas 321-333 *em* Termite and Termite Control, Universidade da Califórnia, Berkeley, Califórnia.

Engel, M. S. e K. Krishna. 2004. Nomes de grupos familiares para térmitas (Isoptera). American Museum Novitates No. 3432, Nova Iorque, NY.

Espiloy, Z. B. 1983. Variabilidade da gravidade específica, teor de sílica e medidas de fibra em Kawayan-Tinik *(B.blumeana)*. NSTA Technol J. 8:42-72.

Fei, H. e G. Henderson. 2004. Efeitos da temperatura, aspectos direccionais, condições de luz e espécies de térmitas na atividade das térmitas subterrâneas (Isoptera: Rhinotermitidae). Environmental Entomology 33:242-248.

Gautam, B. K. e G. Henderson. 2011. Efeitos do nível de humidade da areia no consumo de alimentos e na distribuição de térmitas subterrâneas de Formosan (Isoptera: Rhinotermitidae) com diferentes proporções de soldados. Jornal de Ciência Entomológica 46:1-13.

Gogoi, P. K. e J. Sonowal. 2011. Estudos sobre a resistência às térmitas, as propriedades dimensionais e térmicas do bambu tratado quimicamente *(Bambusa tulda)*. The Indian forester. 137:347-355.

Grace, J.K. 2006. Quando as invasoras se encontram: *Coptotermes formosanus* e *Coptotermes vastator* no Pacífico. Actas da Conferência Nacional de Entomologia Urbana de 2006. Raleigh-Durham, Carolina do Norte; 21-24 de maio de 2006. Pp. 92-94.

Grace, J. K., M. Aihara-Sasaki, e J. R. Yates. 2004. Differeces in tunneling behavior of *Coptotermes vastator* and *Coptotermes formosanus* (Isoptera: Rhinotermitidae). Sociobiology 43:153-158.

Grace, J. K., D. M. Ewart, e C. H. M. Tome. 1996. Termite resistance of wood species grown in Hawaii (Resistência a térmitas de espécies de madeira cultivadas no Havai). Revista de produtos florestais. 46:57.

Grace, J. K. e C. H. M. Tome. 2005. Resistência das madeiras indonésias Bangkirai (Shorea laevis) e Merbau (Intsia palembanica) ao ataque de térmitas subterrâneas de Formosan. Sociobiology. 45:503-509.

Grace, J. K., R. J. Wood e J. R. Yates. 2002. Distribution and management of termites in Hawaii (Distribuição e gestão de térmitas no Havai). Sociobiology 14:87-93.

Grace, J. K. e R. T. Yamamoto. 1994. Natural resistance of Alaska-cedar, redwood, and teak to Formosan subterranean termites. Forest product Journal 44:41.

Grace, K. J., R. T. Yamamoto, e M. Tamashiro. 1995. Relação entre a massa individual de trabalhadores e o declínio da população numa colónia de térmitas subterrâneas formosas (Isoptera: Rhinotermitidae). Environmental Entomology 24:1258-1262.

Green, J. M., M. E. Scharf, e G. W. Bennett. 2005. Impactos do nível de humidade do solo no consumo e movimento de três térmitas subterrâneas simpátricas (Isoptera: Rhinotermitidae) num ensaio de laboratório. Journal of Economic Entomology 98:933- 937.

Hedlund, J. C. e G. Henderson. 1999. Effect of available food size on search tunnel formation by the Formosan subterranean termite (Isoptera: Rhinotermitidae). Journal of Economic Entomology **92:610-616.**

Higuchi, T. 1987. Química e Bioquímica do Bambu. Bamboo Journal 4:132-145.

Houseman, R. M. e R. E. Gold. 2003. Factores que influenciam a escavação de túneis na térmita subterrânea oriental, Reticulitermes flavipes (Kollar) (Isoptera: Rhinotermitidae). Journal of Agricultural and Urban Entomology 20:69-81.

Inward, D., G. Beccaloni, e P. Eggleton. 2007. Death of an order: a comprehensive molecular phylogenetic study confirms that termites are eusocial cockroaches. Biology Letters 3:331-335.

Jeffree, C. E. e E. P. Jeffree. 1996. Redistribuição das áreas geográficas potenciais do visco e do escaravelho do Colorado na Europa em resposta à componente de temperatura das alterações climáticas. Functional Ecology 10:562-577.

Judd, T. M. e C. C. Corbin. 2009. Efeito da concentração de celulose nas preferências alimentares da térmita *Reticulitermes Jlavipes* (Isoptera: Rhinotermitidae). Sociobiology 53:775-784.

Judziewicz, E. J. 1999. American bamboos. Smithsonian Institution Press, Washington, DC.

Kaakeh, W. 2005. Respostas de sobrevivência e alimentação de *Anacanthotermes ochraceus* (Hodotermitidae: Isoptera) à madeira local e importada. Jornal de Entomologia Económica 98:2137-2142.

Kambhampati, S. e P. Eggleton. 2000. Taxonomia e Filogenia das Térmitas. Pages 1- 23 *in* T. Abe, D. E. Bignell, and M. Higashi, editors. Termites: Evolution, Sociality, Symbioses, Ecology. Kluwer Academic Pubfishers, Dordrecht.

Kard, B., S. Hiziroglu, e M. E. Payton. 2007. Resistência dos painéis de cedro vermelho oriental aos danos causados por térmitas subterrâneas (Isoptera: Rhinotermitidae). Forest Products Journal 57:74-79.

Khamraev, A. S., N. I. Lebedeva, T. I. Zhuginisov, I. I. Abdullaev, A. Rakhmatullaev, e A. K. Raina. 2007. Food Preferences of the Turkestan termite *Anacanthotermes turkestanicus* (Isoptera: Hodotermitidae). Sociobiology. 50:469-478.

King, J., E.G. e W. T. Spink. 1975. Desenvolvimento de colónias incipientes de térmitas subterrâneas da Formosa no campo. Annals of the Entomological Society of America 68:355-358.

Kirton, L. G. 2005. A importância da taxonomia exacta das térmitas na perspetiva mais ampla da gestão das térmitas. Pages 1-7 *in* Proceedings of the 5th International Conference on Urban Pests, Singapore.

Kirton, L. G. e V. K. Brown. 2003. The taxonomic status of pest species of *Coptotermes* in Southeast Asia: Resolver o paradoxo no estatuto de praga das térmitas *Coptotermes gestroi, C. havilandi* e *C. travians*

(Isoptera: Rhinotermitidae). Sociobiology 42:43-64.

Kistner, D. H. 1985. A New genus and species of Termitophilous aleocharinae from mainland China associated with *Coptotermes formosanus* and its zoogeographic significance Coleoptera staphylinidae. Sociobiology 10:93-104.

La Fage , J. P. 1985. Considerações práticas sobre a térmita subterrânea Formosan em Louisiana: um problema com 30 anos. Páginas 37-42 *em* M. Tamashiro e N. Y. Su, editores. Biology and Control of the Formosan Subtermean Termite. Instituto de Agricultura Tropical e Recursos Humanos do Hawaii, Honolulu.

Lee, Sang-Hee, Chon e Tae-Soo. 2011. Efeitos das alterações climáticas na dimensão do território das térmitas subterrâneas: Um estudo de simulação. Jornal de Ciência dos Insectos **11.**

Lee, C. Y., L. C. Lee, J. Na, e P. S. Ngee. 2003. Notes on termite species diversity in Pantai Acheh Forest Reserve, Penang Island, Malaysia.in L. K. Chan, editor. Reserva Florestal de Pantai Acheh: A case for a State Park. Universiti Saina Malaysia Press, Penang, Malásia.

Lee, S. H., P. Bardunias, e N. Y. Su. 2008a. Arredondamento de um canto de um túnel de térmitas dobrado e eficiência do tráfego do túnel. Behavioural Processes 77:135-138.

Lee, S. H., R. L. Yang, e N. Y. Su. 2008b. Resposta de túneis de térmitas a um túnel pré-formado. Behavioural Processes 79:192-194.

Lenz, M. e S. Runko. 1994. Proteção de edifícios, outras estruturas e materiais em contacto com o solo contra o ataque de térmitas subterrâneas (Isoptera) com uma barreira física - uma malha fina de aço inoxidável de alta qualidade. Sociobiology 24:1-16.

Li, H.-F., Weimin Ye, N.-Y. Su, e N. Kanzaki. 2009. Filogeografia de *Coptotermes gestroi* e *Coptotermes formosanus* (Isoptera: Rhinotermitidae) em Taiwan. Anais da Sociedade Entomológica da América 102:684-693.

Luz, S. F. 1929. Notes on Philippine termites III. Philippine Journal of Science 40:421- 452.

Manzoor, F., K. Zameer, A. M. Saadiya, K. J. Cheema e A. Rahmin. 2009. Estudos comparativos de duas térmitas subterrâneas paquistanesas (Isoptera: Rhinotermitidae, Termitidae) relativamente à resistência natural e às preferências alimentares em ensaios laboratoriais e de campo. . Sociobiology **53 No.**1:259-274.

Minitab Inc 2007. Minitab 15. Minitab, Inc., State College, Pennsylvania.

Mishra, H. N. 1988. Utilizações estruturais do bambu em habitações rurais. Indian Forester 114:622- 634.

Mishra, S. C. e S. S. Rana. 1992. Avaliação laboratorial da resistência natural dos bambus às térmitas *Microcerotermes beesoni* Snyder (Isoptera: Termitidae). Journal of Entomological Research (New Delhi)

16:311-318.

Mishra, S. C. e M. L. Thakur. 1998. Laboratory evaluation of natural resistance of bamboos to termites. Indian Forester 124:1043-1046.

Morales-Ramos, J. A. e M. G. Rojas. 2001. Ecologia nutricional da térmita subterrânea de Formosan (Isoptera: Rhinotermitidae): resposta alimentar a espécies de madeira comercial. Journal of Economic Entomology 94:516-523.

Ngee, P. S., A. Tashiro, T. Yoshimura, Z. Jaal e C. Y. Lee. 2004. Wood Preference of Selected Malaysian Subterranean Termites (Isoptera: Rhinotermitidae, Termitidae). Sociobiology. 43:535-550.

Nobre, T., L. Nunes, e D. E. Bignell. 2007. Geometria do túnel da térmita subterrânea Reticulitermes grassei (Isoptera: Rhinotermitidae) em resposta à densidade aparente da areia e à presença de alimento. Ciência dos Insectos 14:511-518.

Ohmberger, D. 1999. The bamboos of the world : annotated nomenclature and literature of the species and the higher and lower taxa. Elsevier, Amesterdão.

Pearce, M. J. 1997. Termites biology and pest management. University Press Cambridge, Reino Unido.

Peralta, R. C. G. 2004. Taxas de consumo de madeira de espécies florestais por térmitas subterrâneas (Isoptera) em condições de campo. Revista Arvore, Vifosa 28:283-289.

Puche, H. e N.-Y. Su. 2001a. Aplicação da análise fractal a sistemas de túneis de térmitas subterrâneas (Isoptera: Rhinotermitidae) em condições laboratoriais. Environmental Entomology 30:545-549.

Puche, H. e N. Y. Su. 2001b. Aplicação da análise fractal a sistemas de túneis de térmitas subterrâneas (Isoptera : Rhinotermitidae) em condições laboratoriais. Environmental Entomology 30:545-549.

Reinhard, J., H. Hertel, e M. Kaib. 1997. Procura sistemática de alimento na térmita subterrânea *Reticulitermes santonensis* De Feytaud (Isoptera, Rhinotermitidae). Insectes Sociaux 44:147-158.

Reinhard, J. e M. Kaib. 1995. Interação de feromonas durante a exploração de alimentos pela térmita *Schedorhinotermes lamanianus*. Physiological Entomology 20:266-272.

Robson, S. K., M. G. Lesniak, R. V. Kothandapani, J. F. A. Traniello, B. L. Thome, e V. Fourcassie. 1995. Geometria de busca não aleatória em térmitas subterrâneas. Naturwissenschaften 82:526-528.

Roonwal, M. L. e R. S. Thapa. 1960. Experiências sobre o tempero de água doce (imersão em água) das três espécies de madeiras indianas para proporcionar proteção anti-insectos. . Indian Forester **10** (1):41.

Sanyal S . N., A.S.Gulati, e A.K.Khanduri. 1981. Strength properties and uses of bamboos-A Review. Indian

Forester 114:637-649.

SAS Inc 2008. SAS 9.2. SAS Inc., Cary, Carolina do Norte.

Scheffrahn, R. H. e N. Y. Su. 2005. Distribuição do género de térmitas *Coptotermes* (Isoptera: Rhinotermitidae) na Florida. Fla. Entomol. 88:201-203.

Seethalakshmi, K. K. e M. S. Muktesh Kumar. 1998. Bambus da Índia: um compêndio. Kerala Forest Research Institute; International Network for Bamboo and Rattan, Peechi; Beijing.

Semana, J. A., J. O. Escolano, e M. R. Mosalud. 1967. The kraft pulping qualities of some Philippine bamboos. TAPPI 50:416-419.

Shelton, T. G. e J. K. Grace. 2003. Comparative cuticular permebility of two species of *Coptotermes* Wasmann (Isoptera: Rhinotermitidae). Comparative Biochemistry and Physiology Part A: Molecular and Integrative Physiology 134:205-211.

Shiraki, T. 1909. Térmitas japonesas. Trans. Entomol. Soc. Jpn. 2:229-242.

Shukla, A. N., S. Singh, e H. S. Sehgal. 1988. Diseases and deteriioration of bamboo in India (Doenças e deterioração do bambu na Índia). Indian Forester 114:714-719.

Su, N.-Y. e R. H. Scheffrahn. 1998. Luz de *Coptotemes vastator* (Isoptera: Rhinotermitidae) em Guam. Actas da Sociedade Entomológica Havaiana 33:13-18.

Su, N. Y. 2003. Overview of the global distribution and control of the Formosan subterranean termite. Sociobiology 41:7-16.

Su, N. Y. e J. P. La Page. 1984. Comparação de métodos laboratoriais para estimar as taxas de consumo de madeira por *Coptotemes fomosanus* Isoptera Rhinotermitidae. Annals of the Entomological Society of America 77:125-129.

Su, N. Y. e H. Puche. 2003. Tunneling activity of subterranean termites (Isoptera : Rhinotermitidae) in sand with moisture gradients. Jornal de Entomologia Económica 96:88-93.

Su, N. Y. e R. H. Scheffrahn. 1986. Comparação de campo da suscetibilidade ao fluoreto de sulfurilo entre 3 espécies de térmitas (Isoptera, Kalotermitidae, Rhinotermitidae) durante a fumigação estrutural. Jornal de Entomologia Económica 79:903-908.

Su, N. Y. e M. Tamashiro. 1986. Taxa de consumo de madeira e sobrevivência da térmita subterrânea de Formosan *Coptotemes fomosanus* Isoptera Rhinotermitidae quando alimentada com uma das seis madeiras utilizadas comercialmente no Havai, EUA. Actas da Sociedade Entomológica Havaiana 26:109-114.

Su, N. Y. e M. Tamashiro. 1987. An overview of the Formosan subterranean termite in the world. Faculdade de Agricultura Tropical e Recursos Humanos, Universidade do Havai, Honolulu, HI.

Su, N. Y., M. Tamashiro, J. R. Yates e M. I. Haverty. 1984. Foraging behavior of the formosan subterranean termite *Coptotemes fomosanus* Isoptera Rhinotermitidae. Environmental Entomology 13:1466-1470.

Sulthoni, A. 1988. Um método simples e barato de preservação de bambu. Proc.Int. Bamboo wkshp **14** 209-211.

Swezey, O. H. 1914. Notes and exhibitions. Actas da Sociedade Entomológica Havaiana 3:27.

Tamashiro, M. 1984. The Formosan Subterranean Termite. Whitmire Inst. Tech. Adv. Pest Mgt., St. Louis, MO.

Tamashiro, M., J. K. Fujii, e P. Y. Lai. 1973. A simple method to observe, trap and prepare large numbers of subterranean termites for laboratory and field experiments. Environmental Entomology 2:721-722.

Tamashiro, M., J. R. Yates, e R. H. Ebesu. 1987. The formosan subterranean termite in Hawaii: problem and control. Páginas 15-22 *em* M. Tamashiro e N. Y. Su, editores. Biology and control of the Formosan subterranean termite. CTAHR Research and Extention Series 083, College of Tropical Agriculture and Human Resources, University of Hawaii at Manoa, Honolulu, HL

Tsai, C. C. e C. S. Chen. 2003. Primeiro registo de *Coptotermes gestroi* (Isoptera: Rhinotermitidae) de Taiwan. Formos. Entomol. 23:157-161.

Uchima, S. Y. e J. K. Grace. 2003a. Características das colónias de *Coptotermes vastator* (Isoptera: Rhinotermitidae) em Oahu, Hawaii. Sociobiology 41:281-288.

Uchima, S. Y. e J. K. Grace. 2003b. Taxas de alimentação comparativas de *Coptotermes vastator* e *Coptotermes formosanus* (Isoptera: Rhinotermitidae). Sociobiology 41:289-294.

Uchima, S. Y. e J. K. Grace. 2009. Agonismo interespecífico e competição de forrageamento entre *Coptotermes formosanus* e *Coptotermes gestroi* (Blattodea: Rhinotermitidae). Sociobiology 54:765-776.

Waller, D. A. 1988. Seleção do hospedeiro por térmitas subterrâneas - factores que afectam a escolha (Isoptera,Rhinotermitidae) Sociobiology 14:5-13.

Wasmann, E. 1896. Neue Termitophilen und Termiten aus Indien. Viaggo di Leonardo Fea in Birmania E Regioni Vicine. Ann. Mus. Civico Storia Nat.Genova 16:613- 630.

Weesner, F. W. 1965. The Termites of the United States (As térmitas dos Estados Unidos). Associação Nacional de Controlo de Pragas, Elizabeth, NJ.

Whistler, W. A. 2009. Plantas do povo das canoas: uma viagem etnobotânica pela Polinésia. Jardim Botânico Tropical Nacional, Lawai, Kaua'i, Hawai'i.

Woodrow, R. J., J. K. Grace, e S. Y. Higa. 2001. Ocorrência de *Coptotermes vastator* (Isoptera: Rhinotermitidae) na ilha de Oahu, Hawaii. Sociobiology 38:667- 673.

Woodrow, R. J., J. K. Grace, e J. R. Yates. 1999. Hawaii's termites: an identification guide. Household and Structural Pest 1:0-6.

Yeap, B. G., V. S. Othman, V. S. Lee e C. Y. Lee. 2007. Genetic reationship between *Coptotermes gestroi* and *Coptotermes vastator* (Isoptera: Rhinotermitiae). Journal of Economic Entomology 100:467-474.

Ziegler, A. C. 2002. Hawaiian natural history, ecology and evolution. University of Hawaii Press.

MIX
Papier aus verantwortungsvollen Quellen
Paper from responsible sources
FSC® C105338

Printed by Books on Demand GmbH, Norderstedt / Germany